北のセントラル・ステーション

アーバンデザインの四半世紀

加藤源＋高見公雄＋篠原修 編著

鹿島出版会

JR 旭川駅
ASAHIKAWA STATION

序

「北のセントラル・ステーション」の物語

篠原　修

北彩都あさひかわは加藤源が追求してきたアーバンデザインの集大成である。東大建築学科を１９６４年に卒業した加藤は大学院の丹下研に進学する。丹下健三は原爆ドームを軸線に据えた広島のピースセンターのデザインや東京計画１９６０で知られるように、アーバンデザイン的なセンスを併せ持つ建築家だった。加藤が大学院に進学した時代は第一次のアーバンデザインブームの時代でもあったのだ。しかし法的な裏づけもなく、方法論も持たずに、建築家が一個の建築を設計するように都市を設計できるかのような幻想を振りまいたアーバンデザイン論はブームに終わらざるをえなかった。多くの建築家がアーバンデザインの分野から引いた後も、加藤はアーバンデザインへの夢を捨てなかった。ハーバード大学での修行を終えて帰国した加藤は友人と日本都市総合研究所を立ち上げる。１９７３年のことだった。

チャンスはなかなか巡って来なかった。事務所を立ち上げたものの、やって来る仕事は総合計画や構想計画といった実現には遠い図上のプランばかりだった。そこへ花巻駅周辺のまちづくりの仕事が舞い込む。加藤が喜んだのは言うまでもない。ここで初めてアーバンデザインへの手掛かりをつかむ事ができる。加藤が考えるアーバンデザインとは、建築や街路、広場によって「空間構成」をデザインし、それを景観として実現化するという方法論である。より具体的に言えば、第一次のアーバンデザインブームが考えていたように全てを一人でデザインするのではなく、自分が指揮をとっ

※「北彩都あさひかわ」は、公募により１９９７年に旭川駅周辺整備事業に冠せられた正式愛称。

「加藤さんはきっとこんな景色を見たかったのだと思う。」　画:篠原修

て複数のデザイナーが関与する体制を作る。それが加藤の考えたやり方だった。旭川に続くことになる鉄道駅と駅前広場および周辺をトータルにデザインする仕事の出発点は予讃線の丸亀駅だった。駅前広場に隣接して建つことになっていた猪熊弦一郎美術館の設計者である谷口吉生は、ランドスケープにアメリカのピーター・ウォーカー、駅前広場の設計を加藤に任せることを丸亀市に提案した。丸亀市は加藤を重用し、それまでには無い駅前広場が完成したのだった。だが駅舎のデザインには関与することはできなかった。加藤が入った時点で、駅舎設計は既に終わっていたのだった。加藤の夢は丸亀駅に続く根室本線帯広駅に至っても実現できなかった。駅前広場と周辺の建築はコントロールできたものの、鉄道の高架橋と駅舎には又も関与できなかった。

1991年から関わってきた旭川駅では、この失敗を繰り返したくはなかった。ランドスケープのウィリアム・ジョンソン（愛称ビル・ジョンソン）と組んで、マスタープランを作成していたものの、鉄道と組んでデザインを展開しなければアーバンデザインの夢を実現できないことは明らかだった。思案の末、加藤は対鉄道の交渉役に篠原修を起用する。更には駅舎のデザイン担当者として内藤廣を指名する。ここに加藤が考えていたアーバンデザインのチームが編成されたのだった。加藤がデザインチームのヘッド、これを補佐する番頭役が高見、ランドスケープはビル・ジョンソンと日本のD＋M、土木が篠原、建築が内藤という布陣だった。加藤は「江戸の仇を長崎で」との格言のとおり、丸亀や帯広でできなかった駅を含むアーバンデザインを旭川でなし遂げた。成果はそれに止まらない。北海道、旭川市、JR北海道が事業主体である、まさに公共事業を一民間人である加藤がリードしたという意味で画期的なアーバンデザインとなったのであった。

ただし旭川のようなプロジェクト全体のコントロールを保証するような制度的な改革は未だなされていない。

大池越しに旭川駅を望む

序

本当のアーバンデザインを目指すために

加藤 源

北彩都あさひかわでは、「ランドスケープからまちをつくる」という方針のもと、アメリカ人のランドスケープアーキテクト、ビル・ジョンソンに全体のイメージを頼んだ。彼が持ってきた最初の絵は、ただ美しいだけだった。それで、「こんな絵は出せない。意味のある空間じゃない。皆がやったということがわかるデザインが欲しい」と言った。「わかったよ、ゲン（源）。わかった。今晩やるから」と言って、ホテルに行って一晩で描き直してきた。「すごいな」と思った（これが、左のスケッチである）。だから、きれいなだけの絵を描くランドスケープアーキテクトはいらない。そこに「ある」意味、魅力。美しさではなく、魅力を備えたランドスケープが見たい。今のアーバンデザインというのは、ある一定の土木のグループ、ある一定の建築家のグループ、ある一定の都市計画のグループが、それぞれ、「俺、アーバンデザインをやっています」と言っているだけ。人によって、いろいろなアーバンデザインがある。前に本を出し、講演を行った時、著名な先生に「加藤さんが言うアーバンデザインとは別なアーバンデザインもあるからな」と言われた。「そんな事はわかっているよ。でも、今の時代、そんなことでは駄目ではないか」と思った。大事なのは、我が国のアーバンデザインを大同団結して発展させようじゃないか、ということ。それが1冊本をまとめないと、という気をかき立てた。

本当の事業主体は誰か、誰とどう付き合うべきか、そういう能力を備えて立ち向かわないと良い仕事はできない。ところが、そういう能力を備えてアーバンデザインをできる人が非常に少ない。本当のアーバンデザインを目指そうとすると、土地利用をどうするか、地元の人たちとどうコラボレーションしていくのかなど、いろいろな問題が絡んでくる。「良い空間ができたでしょ、きれいでしょ、美しいでしょ」という世界ではないと思う。「本当のアーバンデザインとは何か」をこれからの若い人たちが知るうえで、その課題になりそうなことをちゃんと伝えておかなければならない。

（2013年6月6日（亡くなる10日前）病床にて聞き取り）

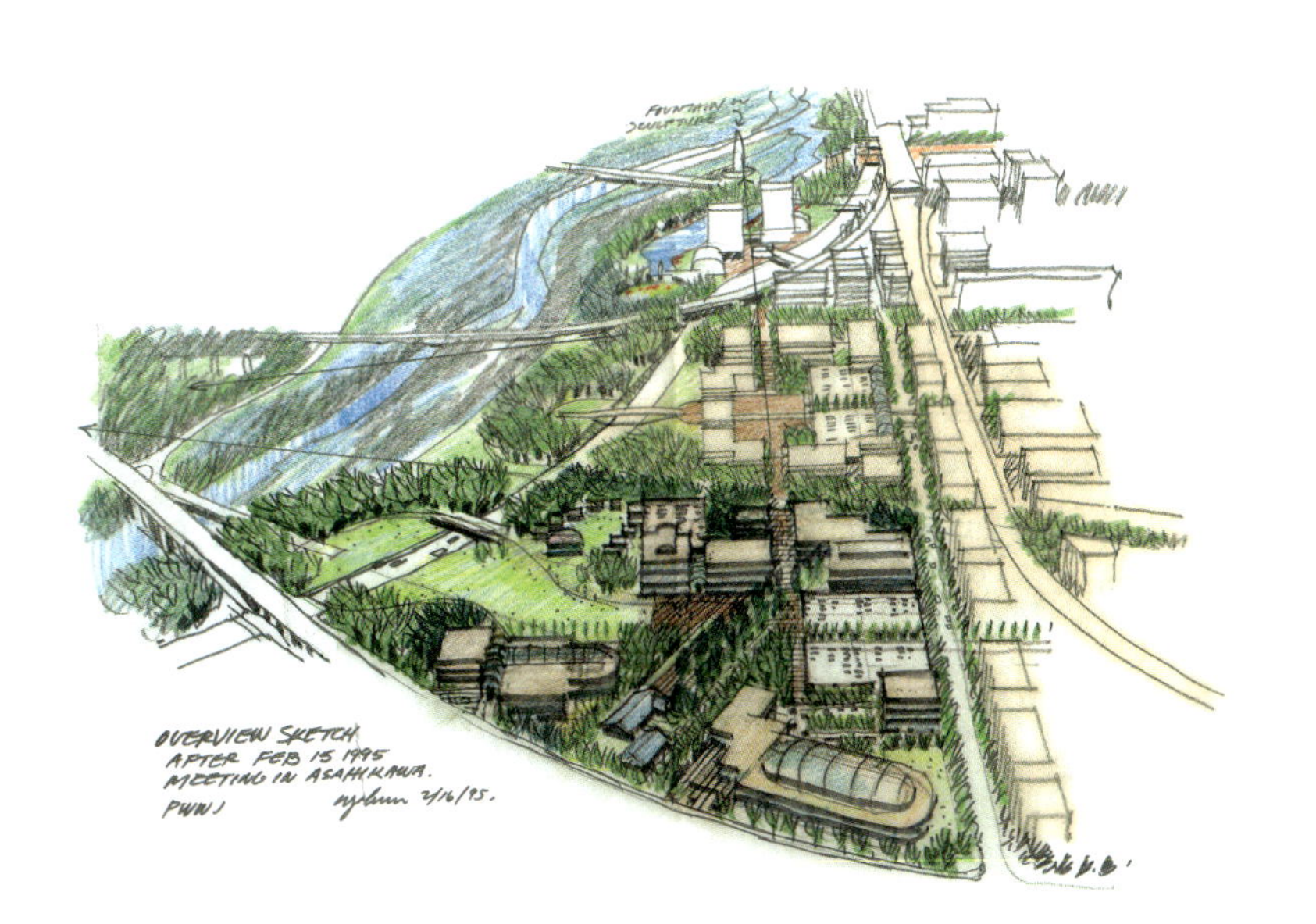

目次

第VI章 まちをつくるインフラ——線のアーバンデザイン

第VII章 四半世紀に及ぶアーバンデザインの成果

補章 旭川・街の成り立ち

第I章

四半世紀を見通す

量の充足に追われる都市づくりが一息ついた頃、国鉄民営化に伴い駅の近くに大量の跡地が発生した。豊かな都市空間の実現が望まれた時代、郊外化が進む都市の都心再生を期して多くの駅周辺整備プロジェクトが起こされた。旭川駅周辺整備（1997年以降は北彩都あさひかわ）はその最大級の最も意欲的で、民間の都市プランナーがデザインチームを結成して取り組んだ実行例である。

I

20年を支える仕組み

内藤 廣

20年に渡る設計から建設に至るプロセスを、一人の建築家が一貫した姿勢で貫き通すことは至難の業である。これを可能にしたのは、それぞれのプロセスで意志決定をしていく委員会が同じメンバーで最初から最後まで継続されたからだ。学識経験者として臨んだ篠原修（土木）と大矢二郎（建築）、委員会をお膳立てし強力に推進した加藤源（都市計画）、彼らの一貫した姿勢がこのプロジェクトを力強い筋の通ったものにした。具体的な巨大プロジェクトで、こうした建築・都市・土木の連携は、全国的に見ても例がない。この仕組みに支えられて、駅舎は旭川の未来の文化を胚胎する密度の高い空間を得ることができた。

北帰行

「それでも、夢破れた時、男は北に向かうんですよ」。ある時、売り上げが厳しいと愚痴を聞かされた後に、ＪＲ北海道の幹部役員からそう言われた。なるほど確かにそうだ。何かに挫折したり恋に破れたり、大事な決断を迫られたり、そういう時、都会の男は何故か北の大地に向かう。挫折したり失恋したりして、沖縄に行ってくる、と言う奴は滅多にいない。呑気な奴だ、と笑われるだけだ。自らの経験に照らしても、そういう時は確かに気持ちは北へと向かう。

北の大地北海道のど真ん中の旭川はそういう場所だ。遥かに大雪山を望み、天気がよければ十勝連峰も遠くに見える。碁盤目状の街は少し味気ないが、市街地の真ん中からでも、まっすぐに延びた街路の先に山が見える。そして、街のすぐ横には美しい川が流れる。忠別川だ。季節の良い時にこの川の畔で煙草を吸うと本当にうまい。空気が澄んでいて、乾いた日差しと適度に川で冷やされた風が心地よい。雲を眺めながら空に消えていく煙を眺めていると、いつしか悠久の時の流れの中に居ることを実感できる。

ところが、この川の豊かな環境は、鉄道に分断されて市街地とは切り離された存在になっていた。これでは、北の大地を目指した男たちも素通りしてしまうだろう。広大な鉄道用地を取り込んで区画整理事業を立ち上げ、鉄道を高架にして街と川をつなげるというこの街の壮大な事業に、不思議な巡り合わせで関わることになった。そして、この関わりがわたしの人生を大きく変えていくことにもなる。

突然の指名

１９９２（平成４）年に苦労ばかり多かった三重県鳥羽市にある「海の博物館」の仕事を終え、それが評価されたのか事務所にもしだいに公共の仕事が舞い込むようになっていた。海の博物館は設計にとりかかってから完成まで7年半を費やした仕事である。厳しい環境と超ローコストに向き合い続け、精も魂も使い果たして完成させた建物だが、その中で見出したわたしなりの設計方法や考え方は、貴重な財産として頭の中に残された。

［図Ⅰ-1］買物公園からみた旭川駅。旭川のメインストリート平和通買物公園の軸線上に、新たなまちのシンボルとなる駅舎が組み込まれた

建物を構築していく理路を整え、細部を練り上げながらそれを際立たせていく。単純で当たり前なオーソドックスな方法だが、バブル経済に浮かれて、当時の建築界ではまったく忘れ去られていたアプローチだった。不器用なわたしは、それを都会のバブルとは無関係の遠く離れた田舎で生真面目に取り組んだだけである。突然時代が変わり、それが思わぬ評価を得ることになった。これをバブル後の時代にどのように活かしていくことができるのか。それがこの建物以降の課題として浮上していた。まだきびしい寒さの残る１９９６年の早春のこと、平河町にあった加藤源さんの日本都市総合研究所の事務所に呼び出された。東大大学院の都市工学専攻の２期生であり、丹下健三のもとで幾つも大きな計画を手掛けられ、戦後の都市設計の草分けの一人である。おおよそのことは知っていたが面識はない。加藤さんとは初対面だ。キッチリとした身なりの人が入ってきた。今から考えれば、首実検、面接だったのだと思う。眼鏡の奥から覗く鋭い眼差し、低音のドスのきいた声。やくざ映画でいうと大親分の貫禄だ。

入社試験の面接のような不思議な空気だった。何事かと思っていたら、どうやら合格したらしい。まだ未定だが、旭川の駅にかかわってもらえる可能性はあるか、との打診だった。後日、その旨の依頼があった。

後から知ったのだが、加藤さんは高校の10年上の先輩であり、青春時代に過ごした共通体験をもっていたことが、通じ合える元になったのかも知れない。また、私を設計者として指名するに際しては、加藤さんは篠原修東京大学教授と相談して決めたらしく、その篠原さんとはこのプロジェクトをきっかけに深いつながりになっていく。５年後、篠原さんから請われて東大の土木工学科、現在の社会基盤学科で教鞭を執ることになるとは、その時は夢にも思わなかった。

話を聞いて驚いたのは、完成まで15年も掛かるということだった。ふつうの建物なら設計から竣工まで3年、かなり規模の大きな建物でも竣工まで5年ぐらいで片がつく。海の博物館は7年半かかったが、それでも建築家の仲間からはこの長さに驚かれたものだ。15年はいかにも長い。当時45歳だった私も、完成をみる頃には60歳になっている。世の中も変わり、私自身の考え方も変わり、この歳月の中で何もかもが変わっているかも知れない。にもかかわらず、この歳月、設計作業を継続させ、また、常に情熱を傾け続けねばならない。街の命運を握る建物にかかわる責任の重さとそれにともなう歳月の長さに耐える困難さを噛み締めたのを覚えている。

実際には、事業の進捗は紆余曲折の上数年遅れ、16年が経過してようやく駅舎の一次開業に至り、駅の諸施設が整う二次開業までさらに数年かかったから、駅前広場の整備を終えてグランドオープンに至るまでには19年かかることになった。この間、推進役だった加藤源さんとJR北海道の担当者で難しい調整の前面に立ってくれていた倉谷正さんが他界され、わたしの歳も還暦を越えた。

初めての検討委員会

旭川のプロジェクト、すなわち限度額連続立体交差事業とそれに伴う巨大な区画整理事業はすでに数年前に立ち上げられている。事業の下地慣らしができて、いよいよその姿形を論じる段階に至っていた。私の役割は、駅舎と駅前広場のデザイン、そして高架構造物のデザインアドバイスだった。

正式には1996（平成8）年に篠原さんを委員長に据えて旭川鉄道高架景観検討委員会が立ち上がり、そこにわれわれが作った案を打診していく形で進んでいった。景観と名前を冠したところはソフトな印象を与えるが、実際は姿形のあらゆることを事業内容と進捗状況を見極めながらコントロールしていく中心的な役割を担っている。意思決定の中心には常に委員長である篠原さんがいた。

どういうわけか印象に残っているのは篠原さんと加藤さんの声だ。ペレストロイカの時のゴルバチョフの演説をテレビで見ていて、人を動かすのは声だな、とある友人が呟いたことを思い出した。当時のゴルバチョフの声の厚みと質は、その演説の内容よりも人を魅了する響きを確かに持っていた。多くの人を動かすのには、声の響きが大切なのである。委員会を仕切る篠原さんと加藤さんの声には人を魅了する響きがあった。ゆっくりと喋り、低音が効いていて、聞き取りやすい。二人揃ってああいう仕切り方をされては、多少異論があっても反対はできまい。二枚看板の説得力には絶大なものがあった。委員会に出て驚いたのは、その人数の多さである。北海道のそれぞれの分野の担当者と関係部局、旭川市も同様、そしてJR北海道。全部で百人近くは参画していたのではないか。多くの人を前にした篠原さんの指揮の取り方には感銘を受けた。また、加藤さんの物事を整理していく鮮やかさ、旭川東海大の大矢二郎さんの地元を熟知したうえで案を着地させようとする姿勢にも強い印象を受けた。

この委員会は1998年まで継続し、駅のみならず駅前広場や高架周辺のあらかたの大方針を決めた。その後、1999年より旭川高架推進懇談会に名前を変え、同じメンバーで2011（平成23）年まで続いた。駅と高架、さらには駅周辺の在り方を決めていくコントロールタワーの役割を現在も担っており、行政側にも作業部隊のわれわれにも分かりやすい体制が確立されてきた。これだけの巨大な事業になると、じつに多くの異なる組織や個人の思惑が入り乱れる。それだけに意思決定のターミナルが分かりやすいかたちで決まっていることが極めて重要だ。

すべてが完成した後、駅舎のみならず駅周辺の姿、そこに流れる空気の

［図I-2］忠別川に面する駅舎南面の望遠。広場やガーデンを介して駅舎と川が連続するこの空間は、最初に示された明快な空間コンセプトと息の長いデザイン調整に係る関係者の努力によってできあがったものである

質に、訪れる市民や来訪者がなにがしかのまとまった印象を持つとしたら、その成果はこの意思決定の仕組みを20年近く保持したことによる。これは尋常なことではない。事業の巨大さもさることながら、同じメンバーを保持しながらのこれほど息の長い取り組みは全国でも類例がない。

2 Awareness to Nature

ウィリアム・ジョンソン

（1995年シンポジウム記録より）
通訳：鈴木俊治

私にとりまして、今日この場におじゃまするということは大変光栄です。そして皆様とともに、あるいは皆様だけではなく、皆様方のお子さん、あるいはお孫さんたちにとっても、大変重要な旭川の将来に対して、計画を一緒に考えるという機会を与えていただきありがとうございます。ただ今からスライドによりまして、これまで考えてきた計画を紹介したいと思いますが、この機会を通じて是非、皆様方のご意見を伺って計画をさらにより良いものにしていきたいと思います。

旭川は川の街ですが、その川というものをまさに新しく発見し、見直そうという時期に来ていると思います。旭川は、世界でも例がない街だと思います。と申しますのは四つもの川が都心付近で合流している街であるということです。その河川空間を利用しまして、水と緑にあふれた新しい都心空間を創造する、極めて有望な機会に恵まれている、そういう大変特筆すべき都市だと評価できます［図I-4］［図I-5］。

[図Ⅰ-3]ウィリアム・ジョンソン

[図Ⅰ-4]旭川は川と橋の町である

[図Ⅰ-5]整備前の北彩都。市街地と川を鉄道が分断していた

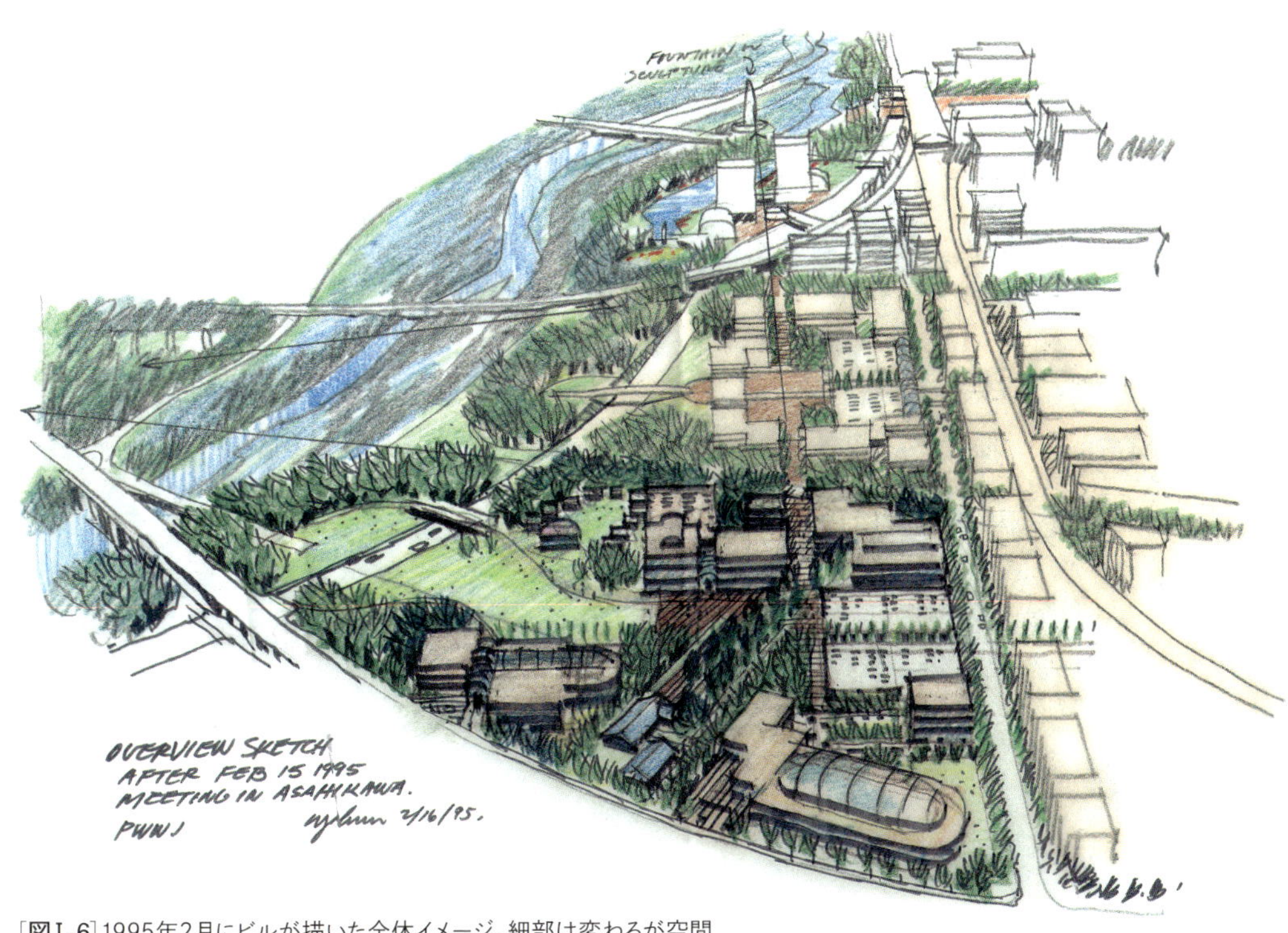

［図Ⅰ-6］1995年2月にビルが描いた全体イメージ。細部は変わるが空間の骨格はこのとき決まった

皆様方はすでに、自然と共生する都市を創りたいという意志を表明しておられます。ここでの計画は単に川を都心に近接させるということだけではありません。新しい計画を通して、私たちがいかに自然と共生しながら都市に住むか、そういったことを学び合える場になるというように思っています。自然と都市を協調させようというように口では申しましても、それはなかなか容易なことではありません。これまで都市と自然というのは相互に対峙する関係でした。が、しかし、今や私どもにとりましては、これを協調させる、調和させることが大事で、しかもその方法をすでに持っています。こちらに忠別川があります。こちらが現在の都心です。この現在の都心と川を結びつける緑の連続した空間を、幹線道路に沿って設けようというのが重要だと考えています［図Ⅰ-7］。

このように忠別川が流れていますが、南北方向の幹線道路の全てがその川の存在を都心にいる方々にも知らしめるためのとても良い機会になると考えられます。幹線道路に沿って緑のネットワークをつくり、このネットワークを通して人々が川の存在を知る機会を創造していこうということです。

このスケッチは都心方向から忠別川の方向を見たものですが、このように道路のつきあたりが開放されていますと、それによって川の存在を感ずることができますし、川を越えて遠くの山並みを望むことができます。この様なことがとても重要です［図Ⅰ-8］。

川に向かう緑の空間と道路が交差するポイントには、川に向かっていくゲートウェイのようなものを造る可能性があると考えています。重要なことは、この旭川には豊かな自然があるということです。その存在感を現在の都心の方にまで持ち込む。都心に居ながらも貴重な緑の空間があるということを感じとれるというようにするための仕掛けを、あらゆる手段をも

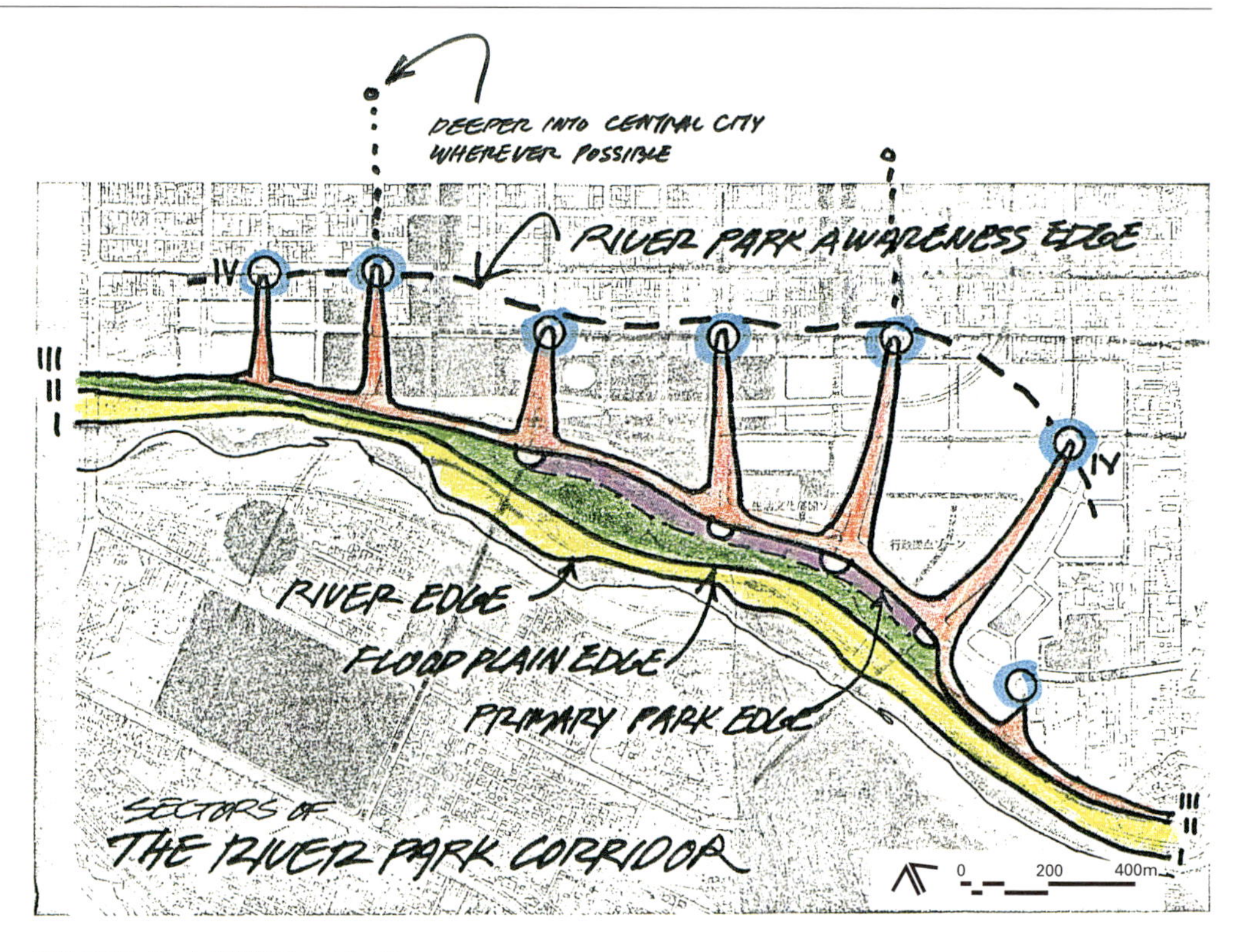

[図I-7]川に沿った空間構成のイメージ

[図I-8]川に向かう道路の先にある「ストリートエンドパーク」

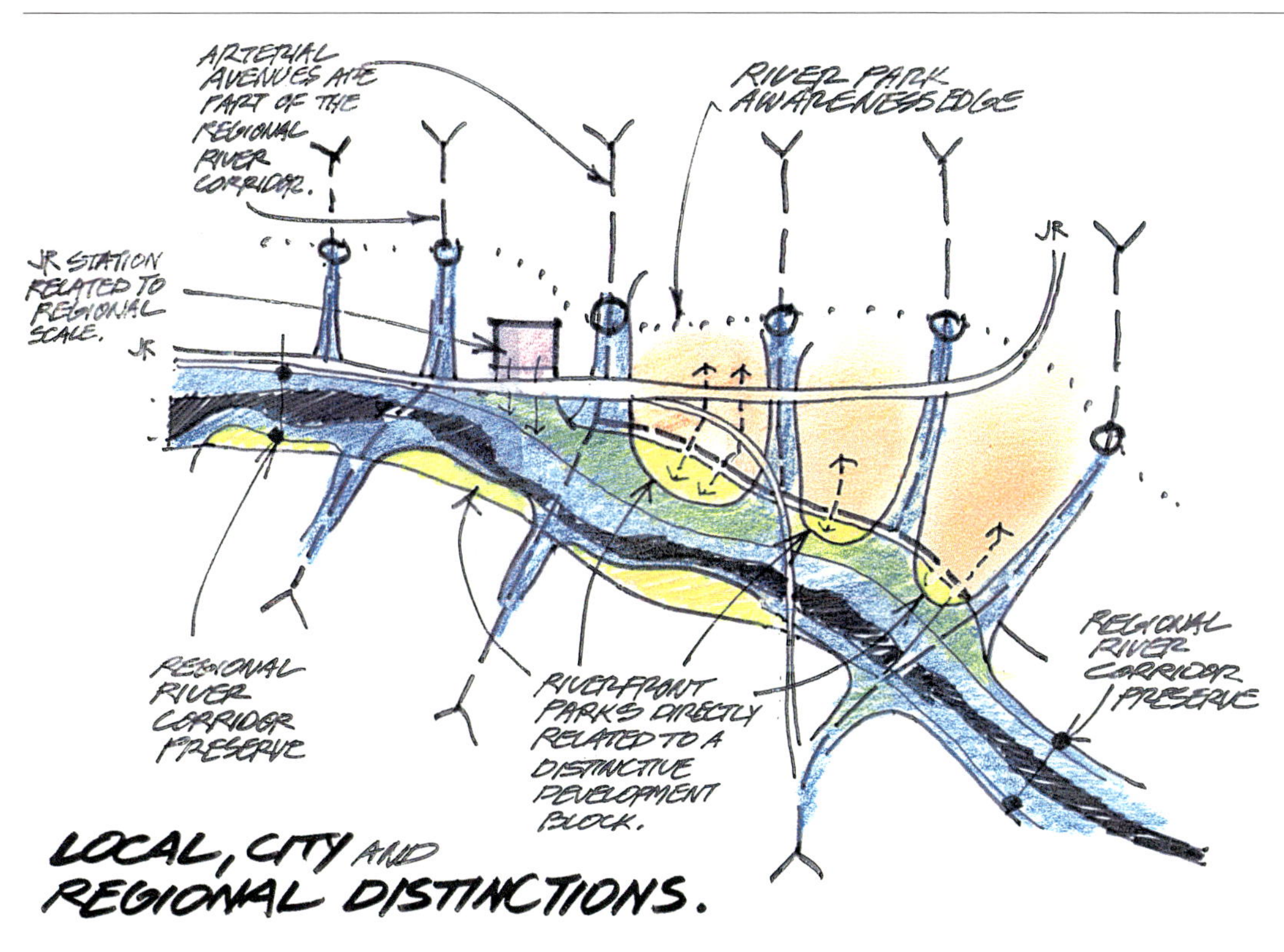

［図Ⅰ-9］川沿いの緑地空間確保の考え方

ってつくるということです［図Ⅰ-9］。

それぞれのゾーンについて順番にお話します。駅に近い大池と称する河川空間は、例えば、冬のスキーにも利用することができるでしょうし、この河川空間は基本的には自然環境を保全する方向で考えております。このゾーンでは自然的要素を残しながらも、かなり街的、都市的な雰囲気をつくりだして、例えば、いろいろな人々がいろいろなところから集まってイベントを開く、あるいはいろいろな花を植えるというようなことによりまして、皆が楽しめる空間をつくろうと考えております。このあたりの空間におきましては座ってお茶を飲んだり、あるいは高齢者の方は、子供たちが遊ぶのをみたり、あるいは話を楽しむといったような使い方もできます。また鉄道が上を通っておりますが、鉄道によって遮断されない立体的な楽しい空間が創れると考えております［図Ⅰ-10］。

次にその東側のゾーンでございますが、こちらに設けられるさまざまな施設で働く人々に対して、憩いの場、活力再生の場を提供するように考えております。また、こちらの南6条通と呼んでいる新しい道路の上に橋を架けまして、川や公園と街とを直接的に結ぶとともに、この橋から林を通りまして、こちら側の山並みを眺望できるようにしたいと思っております［図Ⅰ-11］。

地区中央部の街区の中に計画されている多目的広場には、真ん中に池、あるいは彫刻を置くなどして、非常に魅力のある場としてしつらえたいと思っております。また、その時に木の下から抜ける眺望、南側に抜ける眺望、真っ直ぐな眺望を確保したいというように思っております。これは公園の上を渡りまして、建物が建つ街区から公園へとつなぐブリッジのイメージです［図Ⅰ-12］。

川沿いの宮前公園のイメージですが、部分的には日除けがあり、その先

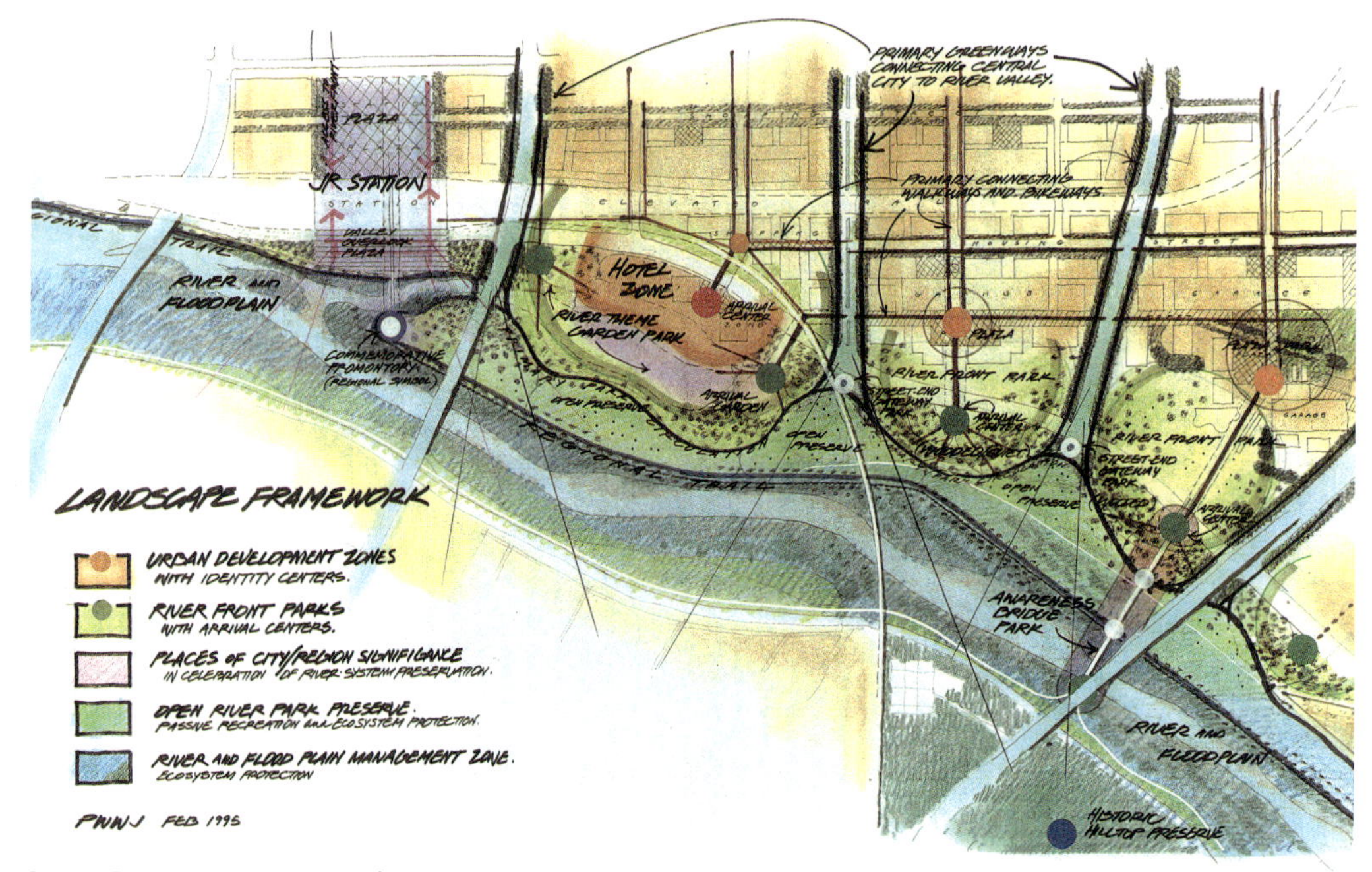

[図I-10]左より駅、大池、テーマゾーンと川との関係

[図I-11]南6条通に架けられる橋

［図Ⅰ-12］公園から広場へ向かう橋

には芝生があり、さらに川を通して遠くを眺めることができるというようなイメージです。散策路に沿って、子供の遊び場や人々がリラックスできる場を設けることを考えています［図Ⅰ-13］。

次に、これは地区東側につくられる大きな街区内の空間、広場のイメージですが、既存のナナカマド並木やあるいは旧国鉄時代のレンガ建物を残しながら、極めて柔らかい雰囲気の緑豊かな公園的な緑地をつくっていこうと思っております［図Ⅰ-14］［図Ⅰ-15］。

また、ここに既存の神楽橋がありまして、この空間のイメージをこちらに示しております［図Ⅰ-16］。既存のナナカマドの樹木の間をプロムナードとしながら、現在の都心方向へ向かって歩いていくイメージです。これを私は「アウェアネスブリッジ」すなわち、自然を直接感じ、体験できる橋というふうに名付けておりまして、既存の橋を残す事によって子供から大人まで自然の大切さ、自然の貴重さを学ぶことができる新しい空間にしたい、というように考えております。旭川の冬を活用するということが、あるいは最も大切なポイントと思いますが、例えば、スキーのような活動を通して、我々はもっともっと旭川の冬をむしろ楽しんでしまおう、というようにすることができると思います。

これらの公園や緑地を計画することによって、旭川というものが、世界に向かって新しい窓を開ける、そういった全く新しい公園的な街づくりが可能である、ということを強調させていただきたいと思います。ありがとうございました。

［図Ⅰ-13］川沿いの宮前公園のイメージ

［図Ⅰ-14］東側の大街区（Jブロック）の広場から川の方向を見る

［図Ⅰ-15］Jブロックの広場と通路

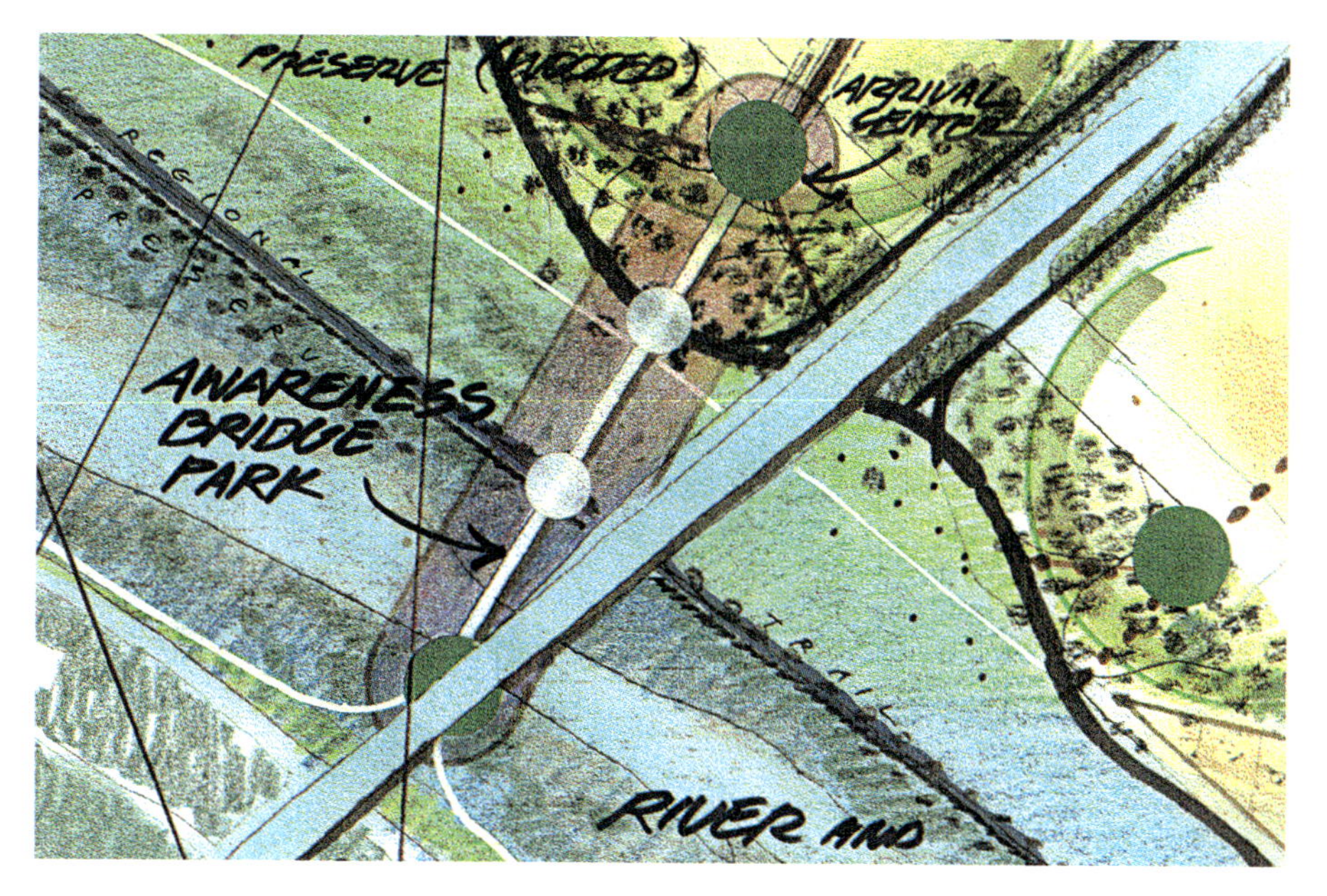

［図Ⅰ-16］現神楽橋(左)と新神楽橋

3 北彩都あさひかわ整備の主なメンバー

高見公雄

北彩都あさひかわ整備は、多くの公的機関、JR北海道、多くの学識経験者、多くのデザイナー、専門家による共同作業であったから、その記録をまとめた本書は多くの人々の手により書かれ、また多くの人々の名前が登場する。各所でその説明はなされるが、まずその主要メンバーをここに紹介しておく[図I-17]。

(所属はいずれも当時のもの、敬称略)

全体計画と全体調整役：加藤源／日本都市総合研究所
その補佐役：高見公雄／同右
アドバイザー：篠原修／東京大学
大矢二郎／北海道東海大学
小林英嗣／北海道大学

設計　駅舎設計：内藤廣／内藤廣建築設計事務所
ランドスケープ：ウィリアム・ジョンソン／PWWJオフィス
その実施担当：下田明宏／D＋M

開発主体(旭川市)：山谷勉、板谷征一、後藤純児

[図I-17]駅舎の検討が始まった頃の記念写真。右から、3人目加藤、山谷、高本(旭川市)、篠原、板谷、内藤、川村(内藤事務所)、後藤、高見、他は北海道と旭川市のみなさん。皆、若い[1997年]

第Ⅱ章

北彩都あさひかわのデザイン・マインド

旭川の特徴は「橋のまち」でもある。市内に約760の橋があると言われる。駅裏に位置する忠別川は勾配がきつく、相当な急流である。右岸側（都心側）では川と接することができる空間はほとんど無かった。駅周辺整備の空間的な意味合いを詰めていくと、この忠別川との関係に行き当たる。川に接する市街地、川と融合する都心、それはどう作るべきか。空間デザインの具体化において、川との関係性を軸にランドスケープからのまちづくりに辿りついたのは自然なことであった。

I ランドスケープからまちをつくる

高見公雄

この川沿いのまちでは、駅も含めてまち全体を公園のような場所にするため、加藤は世界的なランドスケープ・アーキテクトであるピーター・ウォーカーに声をかけた。自然環境豊かなまちづくりなら、自分よりパートナーのビル・ジョンソンだ、ということになり、二人は旭川にやってきた。ビルが描く華麗なスケッチは、駅周辺の魅力的な未来像を次々と表していった。［図Ⅱ-3］

なぜPWWJであったか

旭川駅周辺では、何といっても忠別川だ。旭川市の山谷、板谷とともにどんな街づくりを進めるかの長い議論の末、隣接する忠別川を一体的に捉えた100haを越えるエリアをひとつのデザインでつくり上げる、そのためにはランドスケープからの街づくりであろう、という結論に達した。丸亀駅前広場では建築家谷口吉生の推挙によりピーター・ウォーカーと仕事をして、そのアメリカ的なランドスケープのテイストが四国の街の中でどう調和しているのだろうという、若干の不安があった。それに対し、寒冷で内地とは気候風土の異なる北海道は、欧米的なテイストもありだろう、という確信を持っていた。そこで、旧知のピーター・ウォーカーに声をかけることとなった。

ピートとビル

そして1994（平成6）年の9月に、ピーター・ウォーカー（ピート）はパートナーのウィリアム・ジョンソン（ビル）と当時PWWJ（Peter Walker, William Johnson & partners）所員だった日本人の三谷康彦を連れて旭川にやってきた。加藤からの書簡や国際電話でこのプロジェクトの狙いを理解したピートは、自分よりもパートナーのビルの方がこの仕事に向いていると考えたのである［図Ⅱ-2］。

その年の12月には、旭川市都市拠点地区まちづくり計画調査の第1回委員会が札幌で開かれた。その資料には既にビルの手になるコンセプトスケッチが収録されている。スケッチは10数枚に及ぶもので、その一部と、説明文として日本語の訳文を要約した資料を以下に引用する。

［アーバンデザインのあり方］

（1）公園の中の公園

・河川空間は、河川に沿って湿潤の地に樹木が育つ等、基本的にリニアーな空間であり、この特性に着目し、これを大切にする必要がある。これはまた、旭川の市街地内に河川に沿って極めてユニークな公園的空間を整備することを可能にする。これは、パリのように建物が河川に迫っているような空間とは異なった空間となる。

［図Ⅱ-1］全体模型。長い間旭川市役所の玄関に飾られていた。5000本弱植えられている樹木は、アメリカのPWWJオフィスが制作し空輸された　（撮影:堀内広治／新写真工房）

［図Ⅱ-2］ピーター・ウォーカー（右端）はビル・ジョンソン（中央）と三谷康彦を連れて旭川にやってきた

［図Ⅱ-3］ビルが描いた旭川駅と忠別川。細部は異なるものの、この一体的空間の実現にみんなで頑張ってきた。1997年頃のドローイング

・人は水を愛し、川を愛するものであり、古来世界各地で水辺に沿って水と親しむ空間が造られてきている。水際には自然のままの空間からハードな空間までいろいろな形がある。また、樹木越しに川を眺めることにより、川が活き活きと見える場合もある。

・橋は河川空間の中で特別なものであり、デザイン上重要な要素である。車や人が渡るだけではつまらなく、橋を渡ることを楽しめるようなものでなくてはならない。橋の下も重要な空間であり、さまざまな可能性がある。

・公園の中に街の要素が入ってくる、また街の中に公園的な要素が入ってくる。このような考え方が「公園の中の公園」の考え方を具体的にする。緑豊かな空間は歩行者のためだけではなく、自転車にとっても魅力的な空間である必要があり、これが川沿いだけはなく、街に向かう方向にも設置されていることが望ましい。［図Ⅱ-4］［図Ⅱ-5］

・道路は、人のため、自動車のためと固定する必要はない。時と場合により、道路空間がさまざまに使える可能性を残しておく必要がある。例えば歩行者天国やローラー・ブレイダーのための空間等として道路全体を使えるようにしておくことである。道路に沿って芝生広場、ピクニック広場等の座れる場所や各種の商業的な活動の場を設けることも重要であり、これを自動車から眺められることは楽しいことである。

・公園の中の駐車場は、駐車に応えると同時に公園である必要がある。

②地区の空間構成の考え方、方向

・川沿いのリニアーなコリドー、街との繋がり、川沿いの公園の中でのさまざまなアクティビティ（活動）、といった3つの要素に着目すべきである。

・川沿いの空間には樹木を連続的に配する。川の回廊をつくることであ

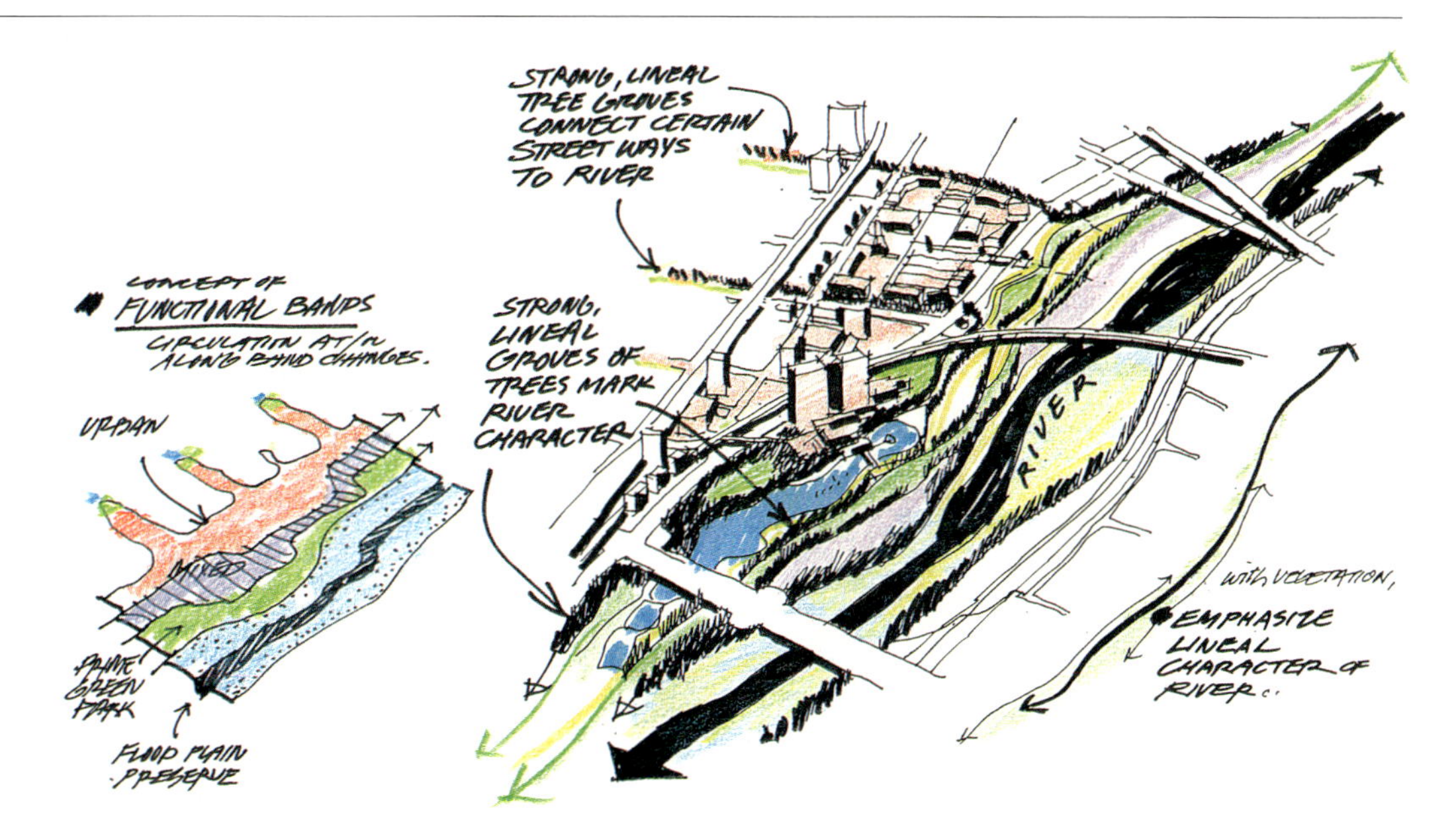

［図Ⅱ-4］河川空間の特性とその活かし方に関するスケッチ

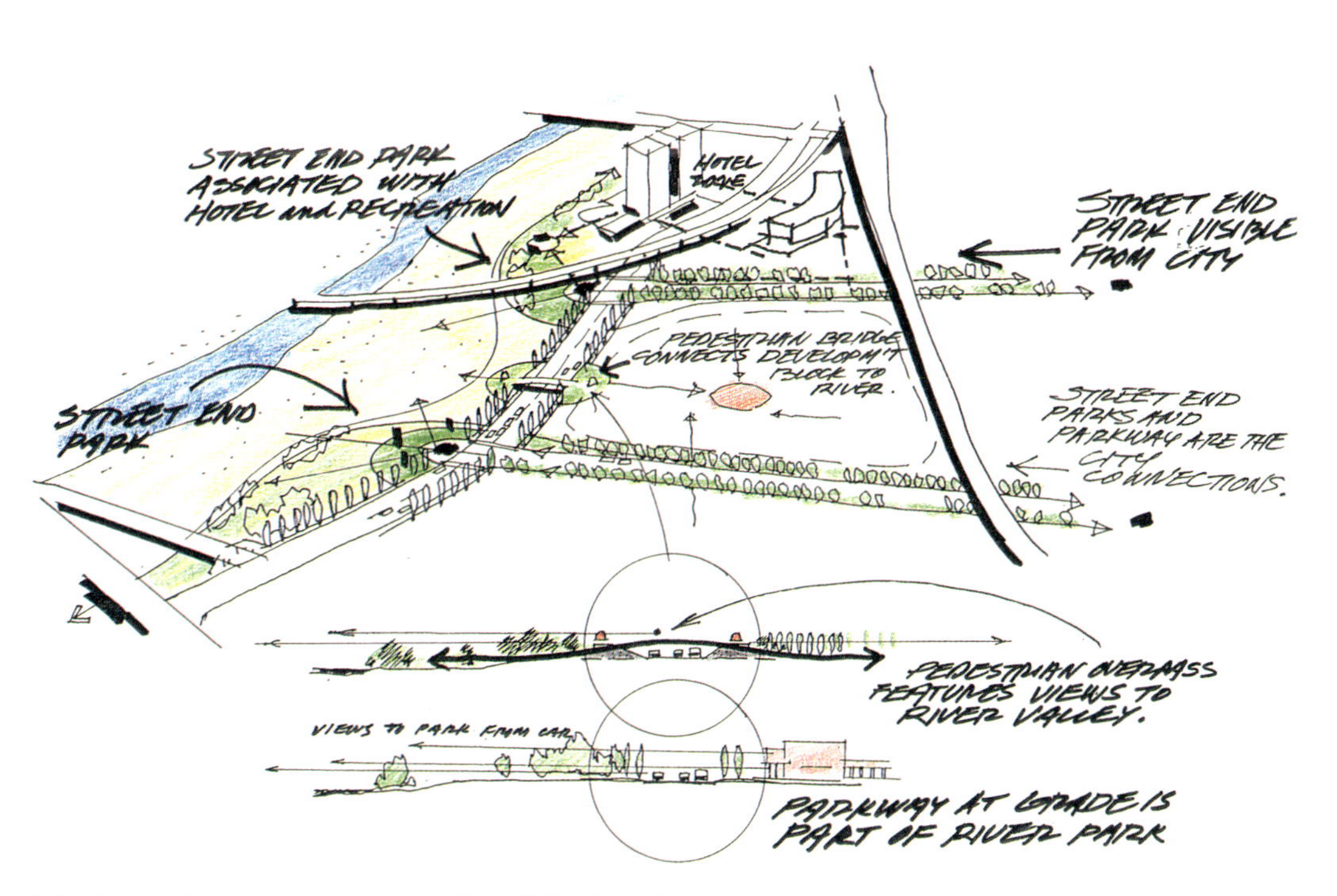

［図Ⅱ-5］コンセプトレベルのビルのスケッチ。川と市街地の関係が述べられている

る。これにより、川の空間が豊かになるとともに、川のリニアーな質が強調され、川面が見えない場合にもその存在が理解される。

・道路の突き当たりにストリート・エンド・パークとして機能する空間や施設を配置する。

・各街区のセンターに広場や緑地を設けることも公園の雰囲気を街の中に誘導していくうえで効果的である。そして、これらの空間を歩行者空間や緑地のシステムで適切に繋ぐことが基本とされてよい。

（3）地区の空間構成のテーマ

・一言で、Awereness to Nature（自然を感ずること、自然を大切にすること、自然環境の保全・活用・再生について市民に啓発すること）としたらよい。このような考え方をテーマするなら、これからのデザインは楽しいものになることは確実である。

ビル・ジョンソンの華麗なスケッチ

その後ビルは年に数回のペースで来日する。日本側の会議スケジュールに合わせてアメリカからドローイングを送り込み、そして本人はその後にやってくる。どちらかというと押しが強くはっきりしているピートとは対照的に、ビルはおとなしく控えめである。時間があれば常にスケッチブックに絵を書いている。東京にきても都内には入ろうとしない。おっくうなのか（どちらかというと怖い、と言っていた。）羽田空港内のホテルか、頑張っても天王洲にあるホテルまでしか来ないで、北海道便に乗ってしまう。絵はすこぶる上手く、凄まじい勢いで描く。大量に送ってくる。ここではビルの各段階でのドローイングを極力多く紹介したいと思う［図Ⅱ-7］～［図Ⅱ-15］。

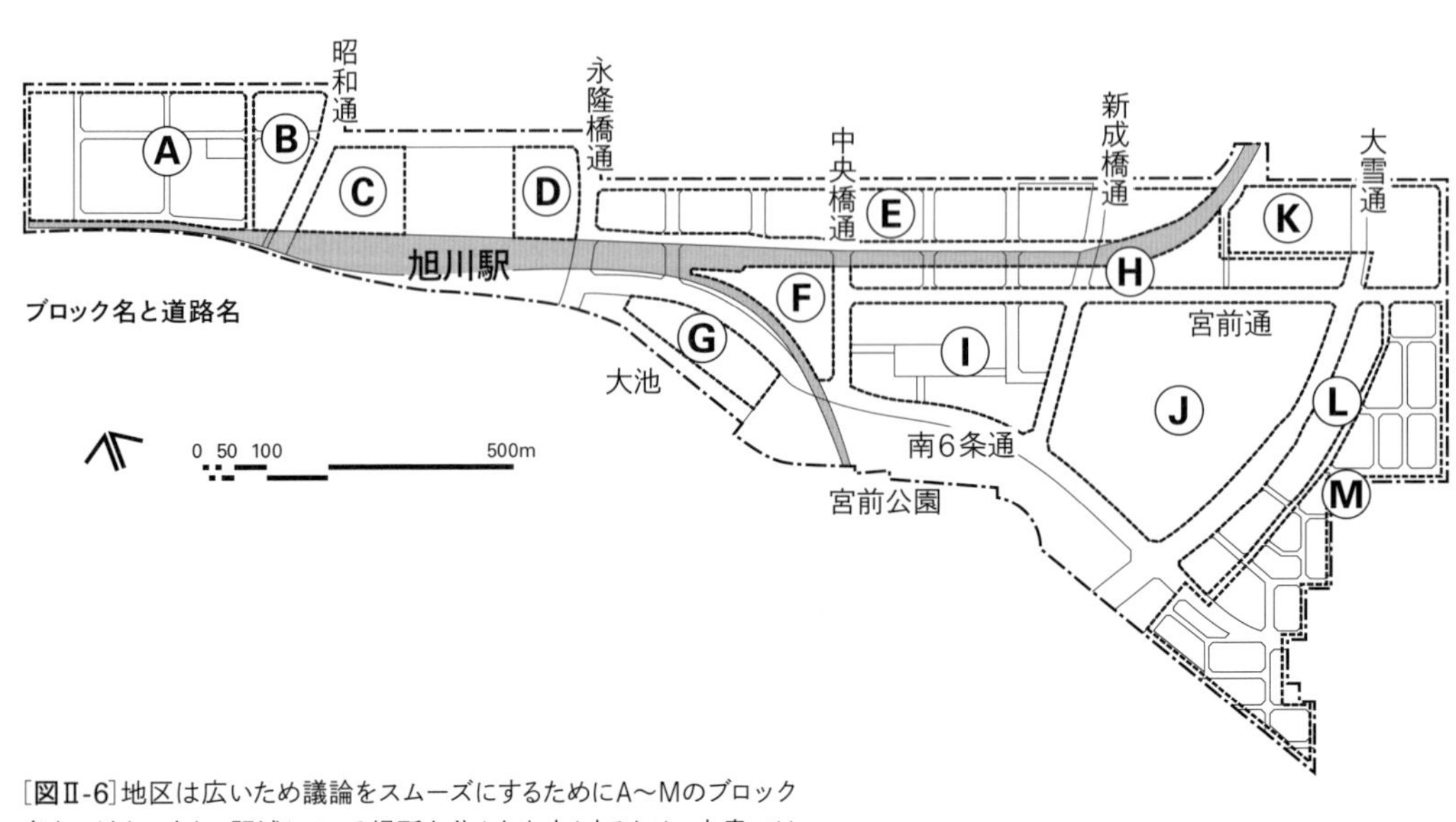

［図Ⅱ-6］地区は広いため議論をスムーズにするためにA～Mのブロック名をつけた。また、記述している場所を分かりやすくするため、本書ではこの図を随所に配し、記述対象の場、その時期などを表記する

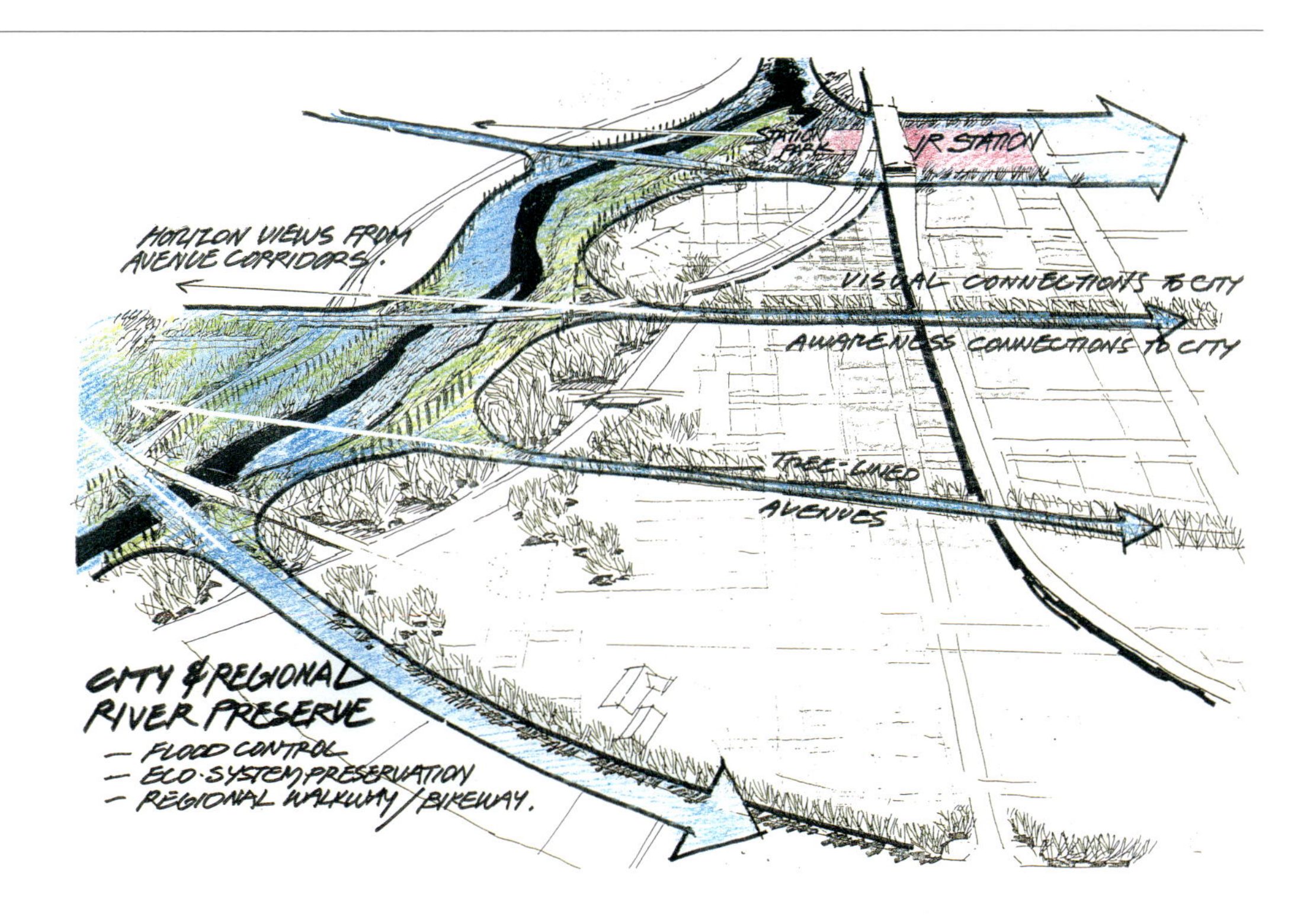

[図Ⅱ-7]ごく初期(1995年2月)ビルによる地区全体の鳥瞰スケッチ。河川空間の自然を市街地に引き込もうとする意図が良くくみ取れる

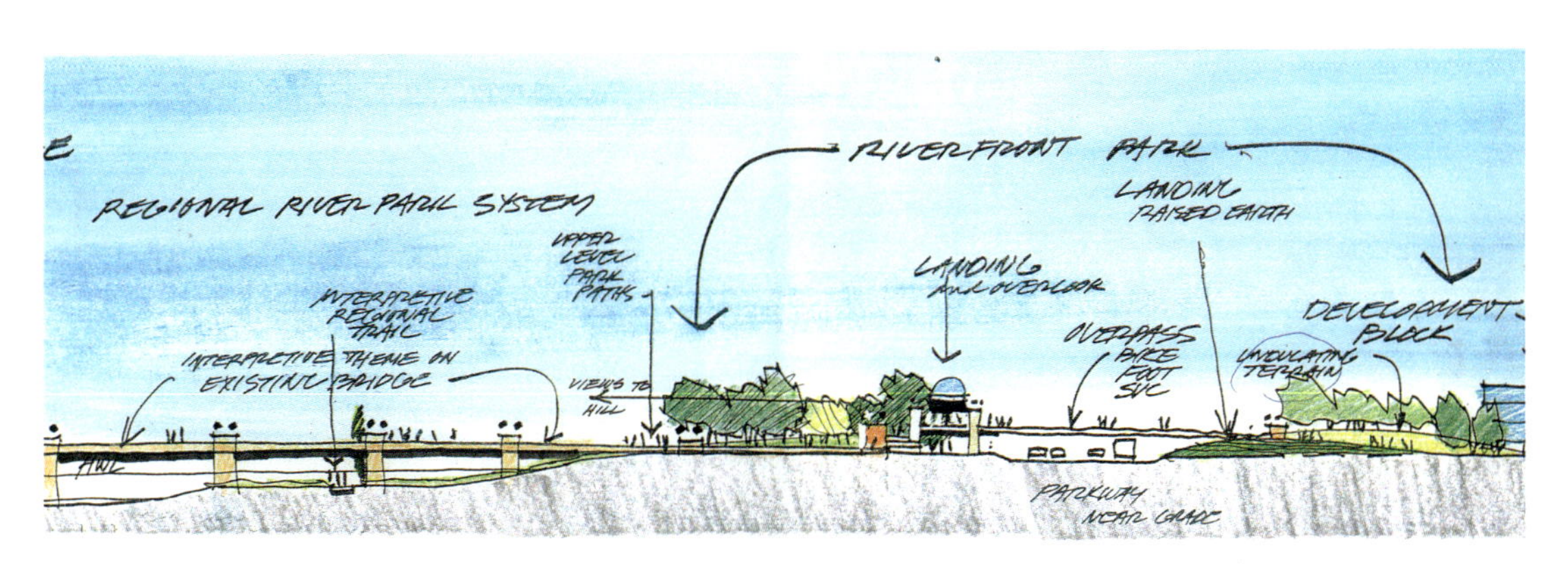

[図Ⅱ-8]パースだけではなく、断面図も美しく描いてくる。彼のドローイングを見せられると、何とかしてこれを実現させたいと思うようになる

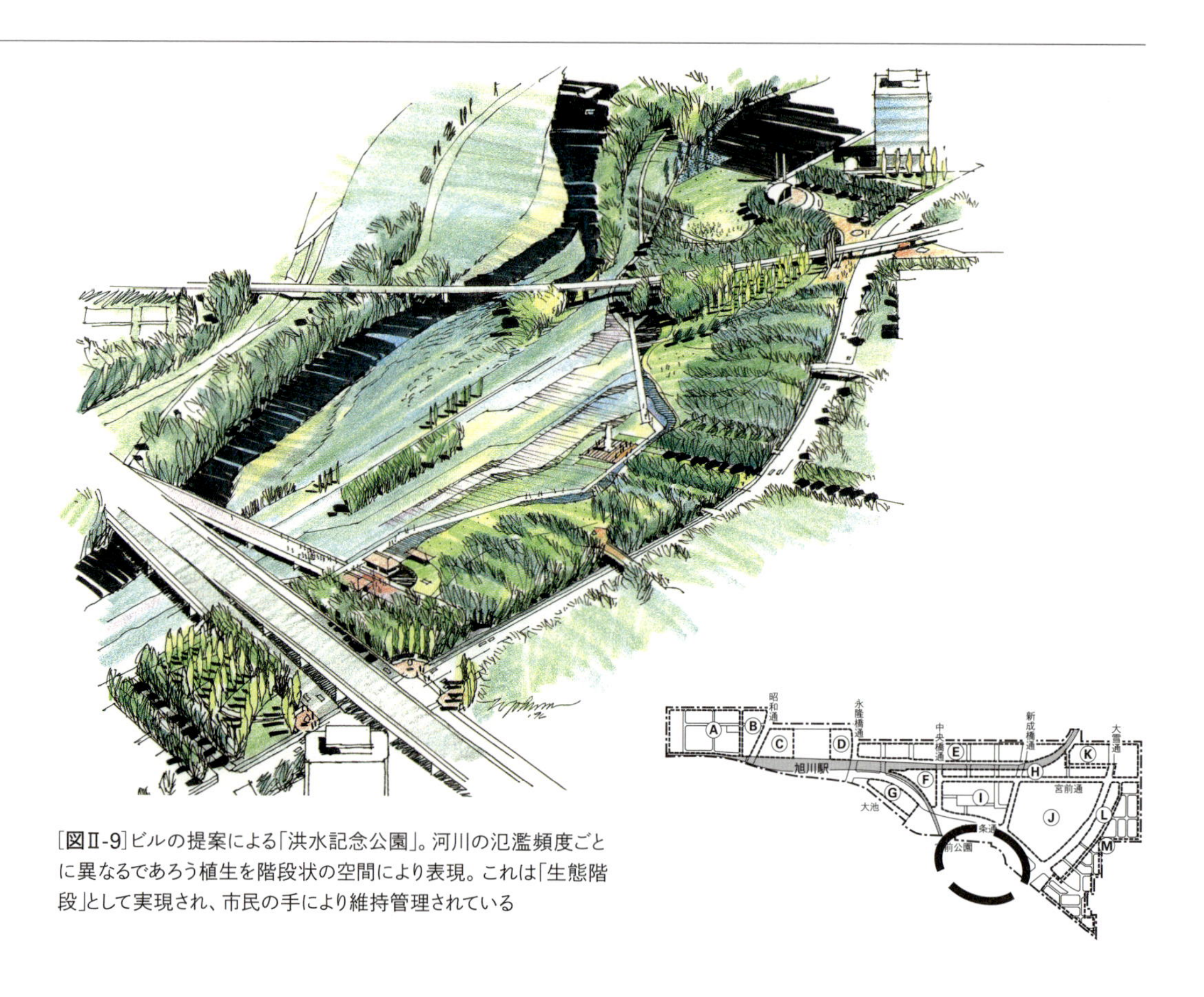

[図Ⅱ-9]ビルの提案による「洪水記念公園」。河川の氾濫頻度ごとに異なるであろう植生を階段状の空間により表現。これは「生態階段」として実現され、市民の手により維持管理されている

[図Ⅱ-10]これは富良野線の高架橋が公園を通過する部分のイメージスケッチ。後に出てくる実現された橋がこのスケッチの影響を受けていることは明らかである

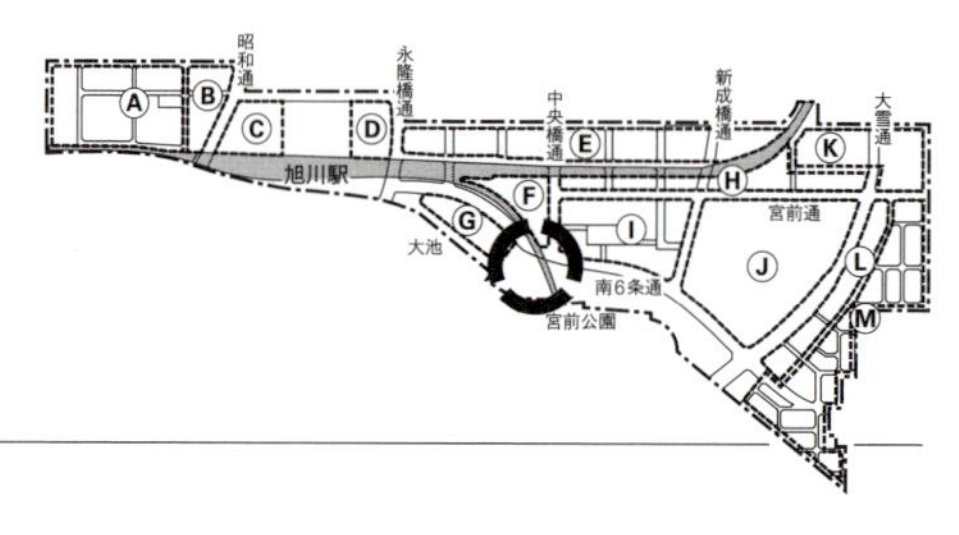

[図Ⅱ-11]実はビルがイメージした駅前はこのような空間であった。さすがに駅の諸機能を充足させる中で、このようにまちと川が見通せる空間とはならなかった

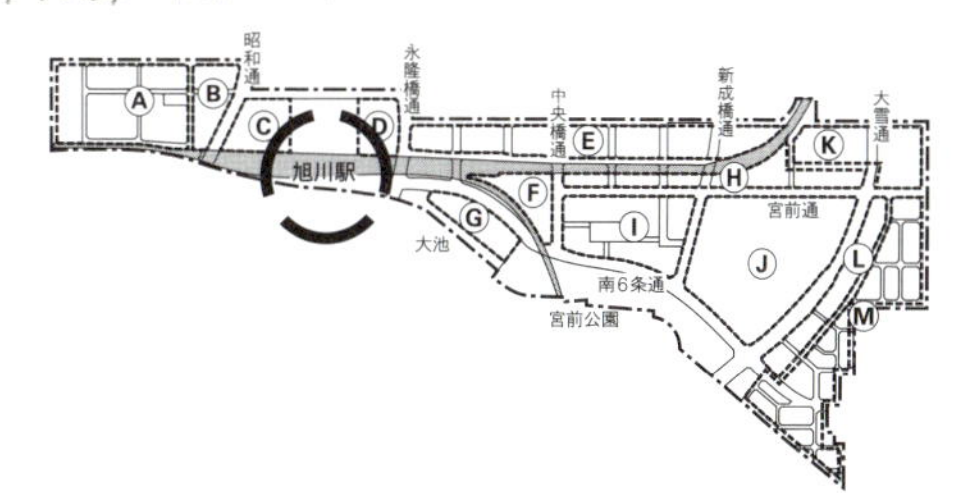

[図Ⅱ-12]都市空間を人々がどのように楽しむか、ビルのスケッチはそういったビルの暖かい人柄を映し出している。地区内Jブロックと呼ばれる中庭のイメージスケッチである

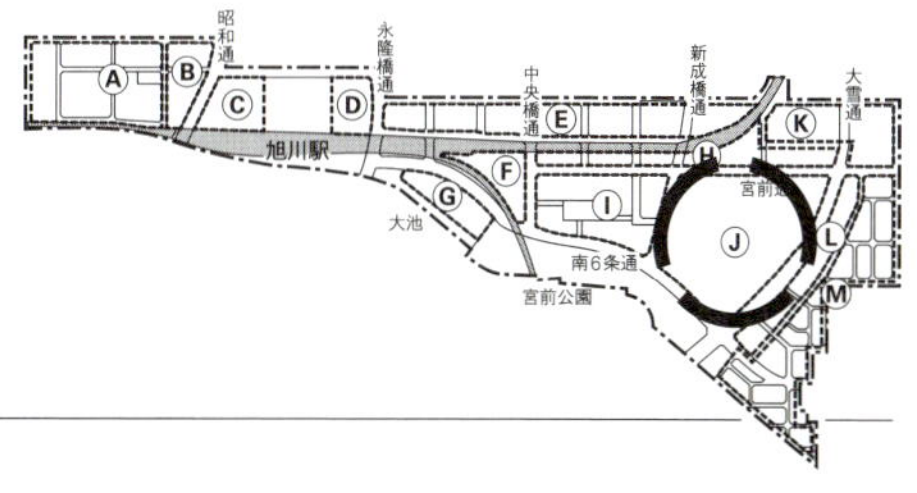

[図Ⅱ-13]

[図Ⅱ-14]

[図Ⅱ-13][図Ⅱ-14]冬季に歩くスキーの場となる宮前公園。この場に行って頂きたい。ビルのイメージスケッチのままの空間が出来上がっている

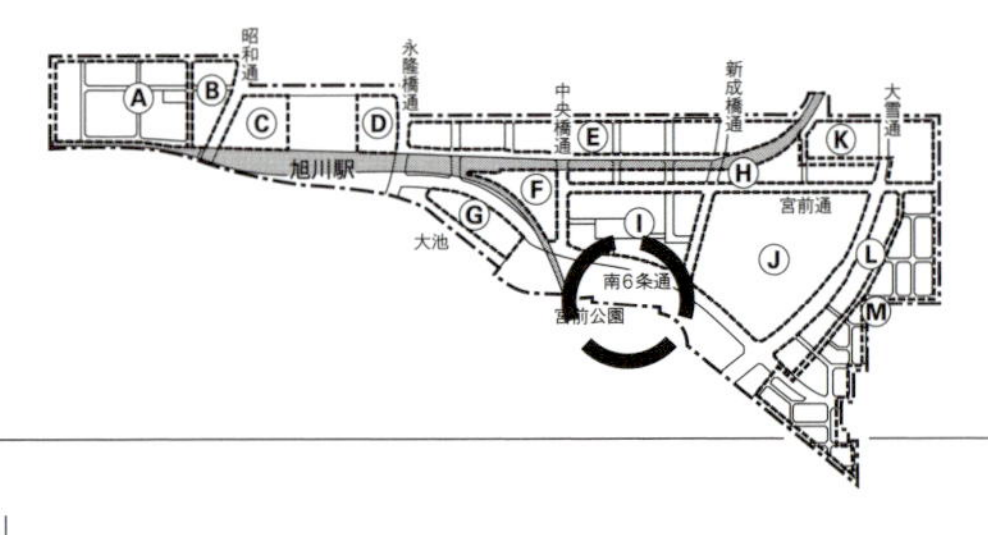

［図Ⅱ-15］同様にJブロック。当時、建築物のプログラムは定かではなかったが、後年科学館の立地が決まり、ビルが描いた球型の屋根は、望遠鏡として似たような姿を見せている

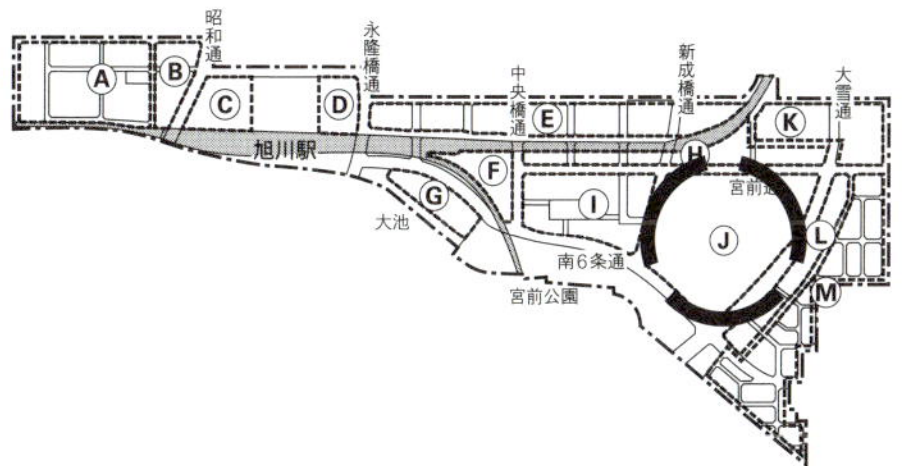

2 任されたデザインチームづくり

高見公雄

まちと川と駅を一体にデザインできるのだから、どこをとっても最高の水準としていきたい。このような意気込みから、当代一のデザイナー、専門家を集めてデザインは進められた。そしてこれらの人々を、全体調整者である加藤源が名指しで集めることができた。

駅周辺整備の目的は「都心ルネッサンス」

「都心ルネッサンス・旭川」とも呼ばれた「旭川駅周辺整備」では、1997(平成9)年に全国公募が行われ、地区の名称は北彩都あさひかわとなった。この事業は、都心地区を再生させ、未来に向かって市民が日常的に利用し、全国からの来街者を迎える旭川都心を作ることが目的である。また、忠別川を挟んで対岸に形成されつつあった駅南カルチャーゾーンと既成都心を連絡し、都心的土地利用を忠別川左岸に拡げていこうとする仕事でもあった。もう一点重要な視点はこのプロジェクトを通じて旭川のイメージを強化し、全国、広域における存在感を増していくことである。その実現の手段として鉄道を高架化し、新たな道路や橋を整備したものである。

地区全体をトータルにデザインする

国鉄跡地を活用した駅周辺整備は、当時、都市計画専門事務所がその全体像について検討、立案し、それが事業として実施されていく形が多く見られたものの、これでも全体計画と個別空間の連続性を確保するに十分とは言えなかった。このため、例えば都市環境研究所の土田旭が中心的に進めた茨城県の日立駅前の地区では、渡辺定夫東京大学教授(当時)を委員長とする計画調整委員会がそれぞれの敷地で進む建設活動を調整するなどの仕組みが作られていった。

旭川駅周辺においても委員会方式は早くから取り入れられていたが、加藤はこの「都市計画事務所+委員会」という組み合わせでは十分でないと考えていた。都市計画事務所の役割は土地利用、交通など工学的な都市設計と空間や景観の骨格的な方向性を導くもので、具体的な空間デザインは専門デザイナーに委ねる。それも、道路は道路設計者、緑地は緑地の設計者というように分割して考えるのではなく、市街地環境全体を一体的な言語のもとに方向づけられないかと考えた。そういった発想から旭川駅周辺整備では都市計画専門事務所が作る基本的なシナリオを具体的な空間像として形にする役割をランドスケープ・アーキテクトに委ねることとしたのである[図Ⅱ-16][図Ⅱ-17]。

多様な専門域に最高の布陣を得る

川と一体的な市街地とすることに加えて、国の合同庁舎を中心とした「シビックコア」を形成すること、旭川の地場産業である家具を取り上げる「テーマゾーン」を作ること、気候条件を踏まえた効率的な熱供給システムを導入することなどが計画され、それぞれに専門家が必要となった。また、各種都市施設を具体化していくためには、土木や建築の優れた専門家が欲しい。さらに丸亀ではGK設計、帯広ではLPAの面出薫と組んだ経験から、あかり、さらにプロダクトデザインの専門家も欲しい。などの結果、主要な名を挙げると表に見られるような布陣となった。これをほぼ全て名指しで決められたところに、大きな特徴がある。特に未だ都市計画

［図Ⅱ-16］ビル・ジョンソンによる北彩都あさひかわの全体鳥瞰図。この段階で駅舎などはまだ決まっていないため、よくみるとオープンな駅が描かれている。この圧倒的なドローイングに従って街づくりは進められた

[図Ⅱ-17]大池とその周辺のイメージ・ドローイング。ビル・ジョンソンは都市施設、建築、緑、水、人を同時にイメージし、空間を表していく

役割、立場	氏名	所属（当時）
総括、構想立案、調整	加藤 源　高見公雄　三牧浩也	日本都市総合研究所
マスタープラン	W. ジョンソン　三谷康彦	PWWJオフィス
アドバイザー（土木）	篠原 修	東京大学
（建築）	大矢二郎	北海道東海大学
（都市）	小林英嗣	北海道大学
（植物、生態）	辻井達一	北海道大学
（建築）	大野仰一	北海道東海大学
建築	内藤 廣　川村宣元　細沼 俊	内藤廣建築設計事務所
ランドスケープ	下田明宏　大津正己	D＋M
橋梁	大野美代子	エム・アンド・エム
	三浦健也	長大
	中井 祐	東京大学
	畑山義人	北海道開発コンサルタント
あかり	富田泰行	トミタ・ライティングオフィス
テーマゾーン	矢木達也　三宅誠一	ビーエーシー・アーバンプロジェクト
地域熱供給	増田康廣　鈴木俊治	日本環境技研
鉄道	倉谷 正	北海道旅客鉄道
市担当者	山谷 勉 板谷征一　後藤純児　高本征治 吉田和弘　沖本 亨	旭川市

[表Ⅱ-1]旭川駅周辺整備のデザインチーム

決定もなされない鉄道高架検討に際し、個人名を出し建築家を設計者として招くことができたのは、その裏に、調整者である加藤と旭川市によるＪＲ北海道や北海道など関係機関との通常では考えられない密な調整があった。この件を含めてＪＲ北海道の担当責任者とどれだけの意見交換、また厳しい議論を積み重ねたか、というところにこのプロジェクトの一つの価値がある。なお、公共事業に係る計画・設計者の決定は公募方式が原則となり、タレントを名指しで決めることができなくなっている昨今であれば、都市側がどんなに鉄道事業者と議論をしても、こういうことはもう不可能なのかもしれない［表Ⅱ-1］。

まちづくり推進会議

基本的な方向が定められた１９９３（平成５）年度の次の年、１９９４年度から２０１２年度まで18年間にわたり「まちづくり推進会議（当初は「まちづくり検討会」）」が継続された［図Ⅱ-19］。各種議論の場の中央に位置するものであり、地区に係わる整備計画、計画・設計案は全てここに持ち込まれ、議論される。事業立ち上げの頃は検討項目も多く、朝から晩まで丸二日間、といったこともあった。加藤のやり方はずっとそうである。はしょるとかスルーするとか、そういうことはなく、納得するまで議論するマラソン会議が常であった。最高決定機関のようにも思えるが、より良い成果を得るための作戦会議、また関係者で状況や情報を共有する場、としての性格が強かった。なにしろ気が遠くなるほどの作業、会議、連絡調整をもってプロジェクトは動いていた。日本都市総合研究所は、この間市より「まちづくり計画調査」業務を継続的に受託していた、ということになる。

随契による継続的な発注が可能にした

旭川プロジェクトの成立は、ある見方をすれば随意契約が可能にしたとも言える。現在、こういった業務に随意の契約が原則禁止され、より公平な手続きである公募、プロポーザル方式または入札に変わってきた理由と意義は理解している。であっても旭川プロジェクトは随契が可能にしたと言いたい。

鉄道跡地を含む駅周辺整備に詳しく、シビックコア制度の創設にも係わったから、といって日本都市総合研究所の加藤が名指しされる。主体である旭川市と意見交換をして、事業に向かい合う体制づくりを行う。そういった中で、技術的にもまた人的にも信頼できる専門家を一人ひとり吟味し、適材適所に選定して、これまた名指しでお願いする。当然結果を伴う作業であるから、その結果が最善のものとなるよう、名指しを主導した調整者はその結果に全責任を感じて頑張る。だからまちづくり推進会議は二日にも渡って行われるのである。たしかに、このチームに入れなかった者からみたら閉鎖的であり、不公正甚だしい。そういって公平性の高い手続きをとれば、建築は建築、橋は橋、ランドスケープはランドスケープと個別に担当者は特定され、それを誰がまとめるのか。

この仕事の関係者はここで敢えて開き直るのが良い。旭川では現在の方法とは違って、加藤を中心として名指しされた専門家群が随契によりプロジェクトの最初から最後まで係わり、各部分の責任を十分に感じながら仕事をした。その結果できたまちがこれである。

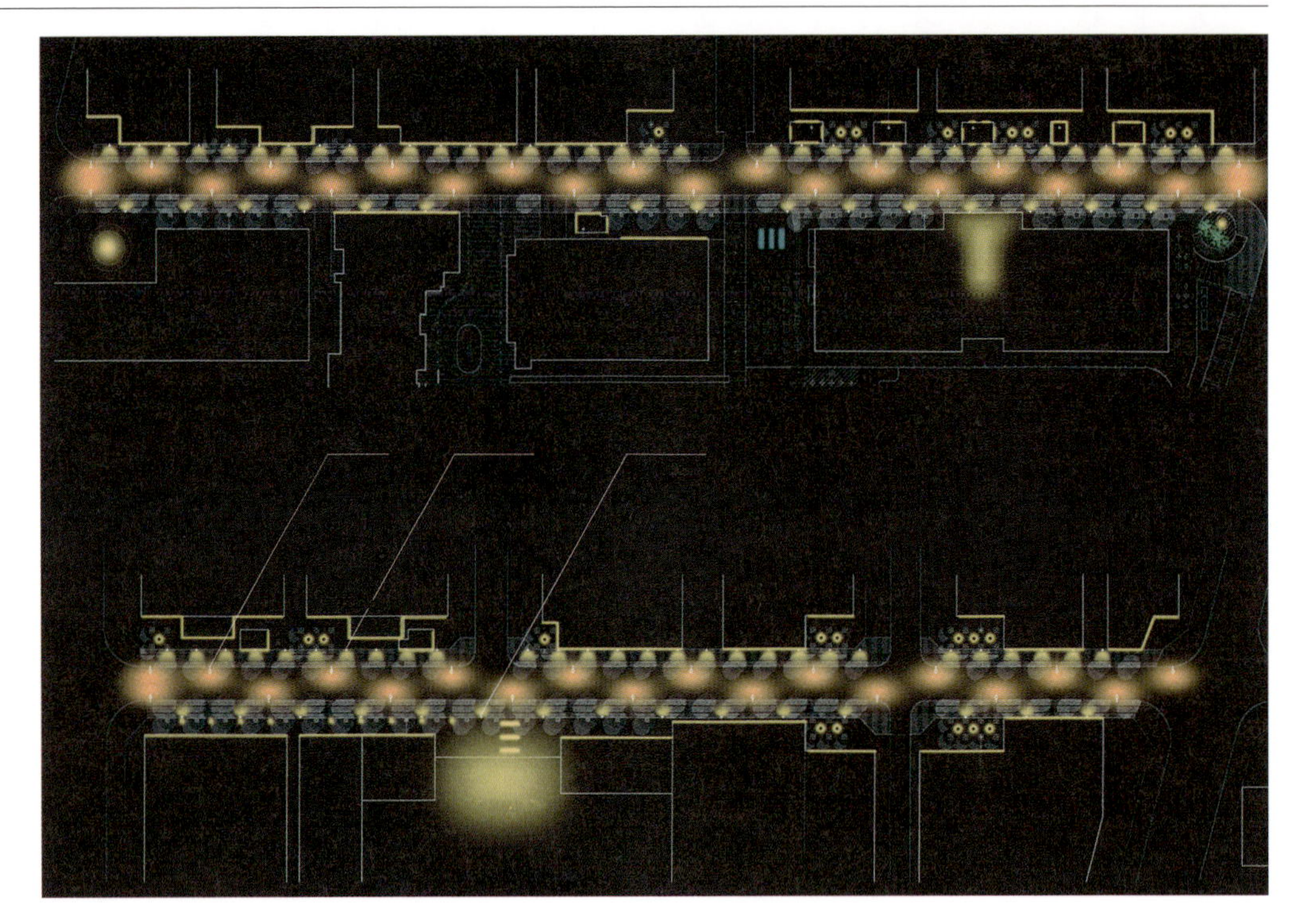

[図Ⅱ-18]富田泰行による駅前から宮前通のあかりの計画。多彩なデザイナーがさまざまな角度から魅力的な空間づくりに参画した。上がJブロック北側、下はIブロック北側

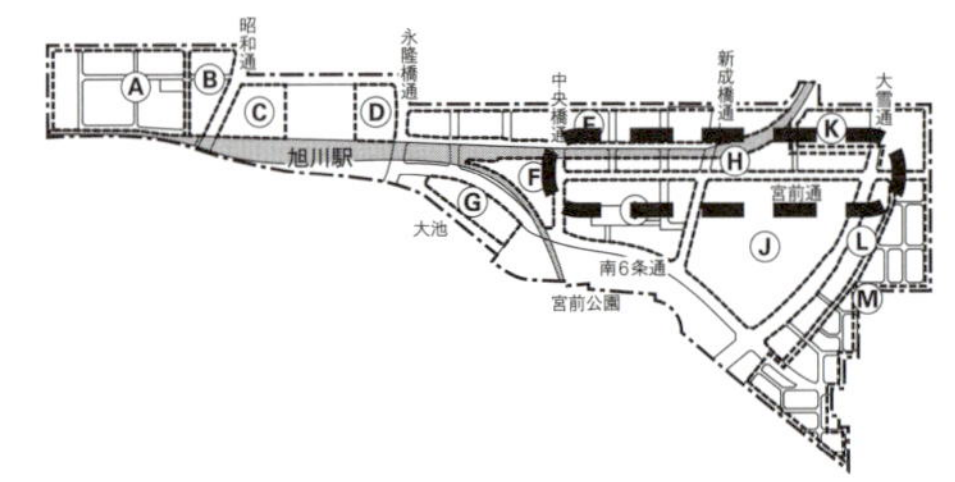

[図Ⅱ-19]まちづくり推進会議。加藤は10を聞いて10を知る人だから、会議は長い。納得するまでやる。それを18年間続けた

第III章

アーバンデザインの事業計画

I

旭川市の悲願であった駅周辺整備

後藤純児（元旭川市部長）

旧国鉄車両センターの廃止、都市機能の郊外化、川と鉄道による市街地の分断など、当時旭川市が抱える課題の解決策として、駅裏に発生した国鉄跡地を開発して、都心再興の契機を得ることは、引き続き道北の拠点都市としての役割を担って行くうえで必須の課題であった。しかしながら鉄道高架化は可能なのか。分からないものへの挑戦であった。

都心部の衰退傾向と都心再生の必要性

市街地全体が駅の北・北東に発展し、郊外型大型店や郊外幹線道路沿いにロードサイドショップ等の店舗立地が進行していくことに起因して、商業、業務機能立地の面で中心部の都市機能の地位は年々低下しつつあった。特に市の中心である平和通買物公園については、全国初のフルモール整備から当時20年を経過したこともあり、施設の老朽化、駐輪・駐車場の不足、駅から離れた北の街区の衰退等、中心商店街としての機能が低下しており、市の顔として活性化を進めることが課題となっていた［図Ⅲ-1］。中心部にあった高等学校の郊外移転や大学キャンパスの郊外立地、高齢者福祉施設の郊外立地など、交通弱者である若年層や高年齢層にとって条件の好ましくない施設立地が次々と郊外で進んでいた。

新規機能導入の必要性

全国に先駆けて歩行者専用の買物公園を整備した旭川市であるが、当時「旭川にはコレがある。」といった特徴ある施設や機能あるいは空間などは

［図Ⅲ-1］適時再整備などがされるものの、かつての賑わいはない平和通買物公園

[図Ⅲ-2]駅南カルチャーゾーンと都心部の位置関係。距離は近いものの川と鉄道で分断されていた

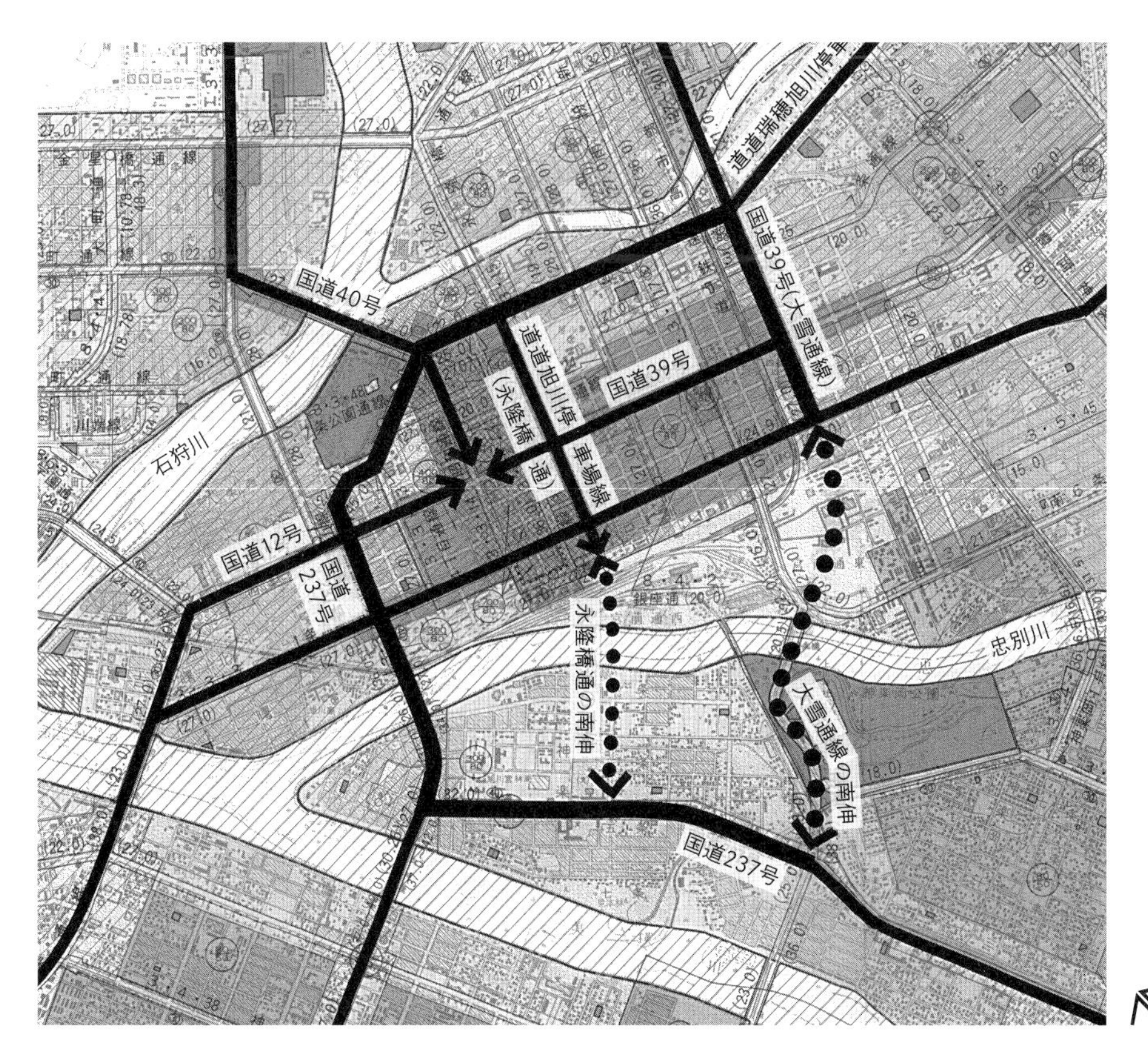

[図Ⅲ-3]旭川都心部の都市計画図。駅に接して鉄道施設、川があることで、駅南側の有効な利用が図れない状況にあった

見当たらなかった。このため、魅力ある機能や旭川を特徴づけるような新しい都心立地性向の高い機能の導入などを進め、都心部の機能強化を図っていくことが期待されていた。

大規模用地の発生

旭川駅は、函館線をはじめＪＲの鉄道路線４路線が集まる鉄道の要衝であり、駅の南東側で利用されていた鉄道運転施設の他、国鉄改革により旧国鉄時代には旭川車両センターとして利用されていた施設などの大半が、国鉄清算事業団用地として処分されることになった。これらの大規模な鉄道関連用地をまちづくりに有効活用していくことが課題となっていた。また、旭川市の市街地には当時19の国の機関があったが、施設老朽化の著しい庁舎などについて、国による合同庁舎として移転、統合が進められる予定にあった。

駅南地区開発(カルチャーゾーン)

忠別川対岸の神楽地区は駅南地区とよばれ、「大雪クリスタルホール」や「大雪アリーナ」および「地場産業振興センター」などが立地する文化・交流ゾーン（カルチャーゾーン）を形成してきていた［図Ⅲ-2］。

鉄道による南北交通の阻害とその解消

旭川市の既成都心部の南端には、鉄道線路および忠別川があるため、駅南地区と連絡する道路はなく、都心部の南方向への発展を妨げていた。市として駅南部の地区を含めて都心機能集積を南方向に拡大していくため、鉄道を超え、忠別川を渡る道路の整備を悲願としていた［図Ⅲ-3］。また、鉄道用地の高度利用を進めるためには、鉄道北側の既成都心部と鉄道南側の市街地との円滑な連携を可能にすることが必須の課題であった。旭川市は「川のまち」であり石狩川、牛朱別川、忠別川、美瑛川の四河川によって市内が分断されていることから、道路網は多くの橋梁によって連絡されている。忠別川を横断する５橋の１９９０（平成２）年度の交通量は約１３５，０００台／日、混雑度は１・63に達しており、特に交通混雑が著しい状況にあった。

［証言……1］

北彩都あさひかわ動き出しの頃

波岸裕光（元旭川市助役）

忠別川により隔てられている駅南の神楽地区は、１９６８（昭和43）年に旭川市と合併するまでは上川郡神楽町、合併後は駅南開発という表現で振興策が進められ、林野関連の跡地を市が取得して大雪アリーナ、旭川地場産業振興センター、大雪クリスタルホールなどの公共施設を設置したところでした。国鉄跡地発生後の１９９０（平成２）年に旭川市助役となった私は、神楽地区の駅南開発とも一体となる駅周辺開発の担当となり、当時の建設省に何回も足を運び以下の宿題をもらいました。

（1）市は後に引かない覚悟を固め、専担の部局を設置すること
（2）最高のメンバーによる委員会を組織し、信頼される開発計画を策定すること
（3）これにより、市、北海道、建設省が一体となり参画するコンセンサスを整えること

1992(平成4)年、市長の決断により駅周辺開発部が設置され、井上孝東京大学名誉教授を委員長とする都市拠点総合整備事業整備計画策定委員会が立ち上がり、現在の北彩都あさひかわの基本が造られることとなったのです。

[証言……2] 事業を通じて感じたこと

板谷征一(元旭川市部長)

計画の初期、1990(平成2)年~1991(平成3)年は担当2、3人によるスタートであり、以前から旭川のまちづくりについて助言を頂いてきていた渡辺与四郎氏(元建設省技術参事官)、依田和夫氏(元建設省技術審議官)に相談に伺いました。その結果、関係各課から専門官クラスの方々に入って頂き、概ね次の条件が示されました。

(1) 旭川の計画から事業化に向けて、この種の事業に精通し経験豊富でかつ信頼のおける日本都市総合研究所の加藤源氏に依頼すべき。
(2) この事業内容、規模から北海道の参加が不可欠。
(3) 旭川市の取り組み姿勢と事業化を鮮明にするため、市に専担の組織を新設すべき。

1992(平成4)年11月に駅周辺開発部が誕生し初代部長に山谷勉が就任しました。この旭川市の早期決断がその後のスムーズな事業推進につながったものと言えます。この種の事業は、一自治体の力だけでは立ち上げが困難で関係行政機関、経済界、市民団体、期成会、議会、権利者等々、広範な全市民的な事業への理解と協力が不可欠、担当する者の事業への取り組み意欲、が当事業を通じて学んだことです。

[証言……3] シビックコアとして最初の取り組み

菅崎 栄(北海道開発局営繕部)

北彩都あさひかわに関する私どもの関わりは、1989(平成元)年からであり、合同庁舎の整備構想に伴う敷地の選定がスタートでした。これは、北海道で旭川、釧路の検討をスタートさせ、1995年度に霞が関に戻って「シビックコア地区整備制度」を創設した照井進一氏の熱意の賜物と言えます。彼は次のようなことを言っていました。

「私(照井)がこのシビックコアを担当することになったのは、『一団地の官公庁施設整備』の見直しについて専門家の意見をということになり、日本都市総合研究所の加藤源さんに相談を持ちかけたところから始まった。シビックコア検討は旭川が最初で、当時どこかの都市でシビックコアが展開できないだろうかと考えていた。」

[証言……4] 平成7年、夜明け前

後藤純児(元旭川市部長)

私は1991(平成3)年以来、長い間この事業に関わってきました。これまでの経過の中で1995(平成7)年頃が、暗闇からほのかに光が見え始めた時期だったような気がします。当時は、日本都市総合研究所の加藤さん、高見さんのご尽力で、実に多くの課題事項を調整しました。[図Ⅲ-4]に各種調整会議の体系図を示しますが、図の中心にある「まちづくり推進会議」を親会議として、北彩都あさひか

わ事業に関係するほとんど全ての課題について、出来得る限り皆で方針を共有し、着実に実施することを目指しました。

議論の姿勢は事業の実施を目標としたもので、特に、旭川という地域や駅周辺という地区が持っている特性や潜在力を活かすことを念頭に難問に取り組みました。鋭い洞察力と諦めないという加藤さんからは多くのことを学ばせていただきました。当時、旭川出身の政府首脳に当計画のよき理解者になっていただけたことも大きな出来事でした。

先進事例や類似開発を調べるために国内外の各地を訪問した頃でもありました。華やかな集客力を狙った商業都市開発が全盛の時期でした。一方、その土地の資源を十分に活用している事例は少なかったような気がします。当地の場合は忠別川という骨太の自然が身近にあり、特別な財産に恵まれたことは本当に幸運でした。

【証言……5】加藤源さんの想い出

幅田雅喜（北海道開発コンサルタント）

故加藤源さんの想い出として非常に印象に残っていることがあります。ひとつは、加藤さんの事務所で、旭川市の担当者も交えて、昼ごろから夜遅くまで、加藤さん自らトレーシングペーパーに色鉛筆を走らせながら約12時間もの打合せを何度も重ねたことです。加藤さんのつきることのないエネルギーはどこから来るのだろうといつも思っていました。日本屈指のプランナーとしてのプライドなのか、日本のアーバンデザイン向上への情熱なのか、ついに聞きそびれてしまいました。もうひとつは、委員会の席でのことです。旭川で学識経験者、建設省の方も交えた、錚錚たるメンバーが集まる大委員会なのですが、駅周辺の構想案をみてこういう場面がありました。委員の方が、これまでの経験、実例、法制度上から理路整然といかに難しいかを説明されたときです。加藤さんが「案がいいと思うのなら、いかに実現できるかの知恵を出し合うのが委員会だ。いかに実現が難しいかの説明はいらない。」と発言したときは、鳥肌が立ちました。都市計画プランナーが都市開発・アーバンデザインの全体を引っ張っていく役割を果たすには、こういう覚悟が必要なんだ。それにしても、大委員会の場で、コンサルの立場で、こんなこと言っちゃっていいんだ、私にはとても恐ろしくて言えないと思いました。

【証言……6】PWWJの中から

三谷康彦（元PWWJオフィス）

ピートは、当時、磯崎さん監修の播磨科学公園都市のランドスケープ・デザイン業務を受けており、プランニング部分を補強する為に、彼の昔からの畏友で、有名な手描きスケッチの名手でもあるビル・ジョンソンを三顧の礼を尽くして迎え入れ、双頭のランドスケープ事務所、PWWJを設立していました。当時の米国内でも、ランドスケープ関係者の間では、目指すものと性格が全く異なる二人で上手く行くのか?と言う噂話が飛び交いました。ビルは、イリノイ州に長く居たため、旭川の冬の寒さも何のその、食堂のテーブルナプキンの裏や箸入れの紙、紙の切れ端など、描けるものには、手当たり次第にその場でスケッチして、その記憶を持ち帰り、写真なども参照しながら自分で清書、旭川の風景を整えていたのをよく覚えています。私はと言えば、彼のデスクの上に散らかっている「現場スケッチ」が欲しくて、

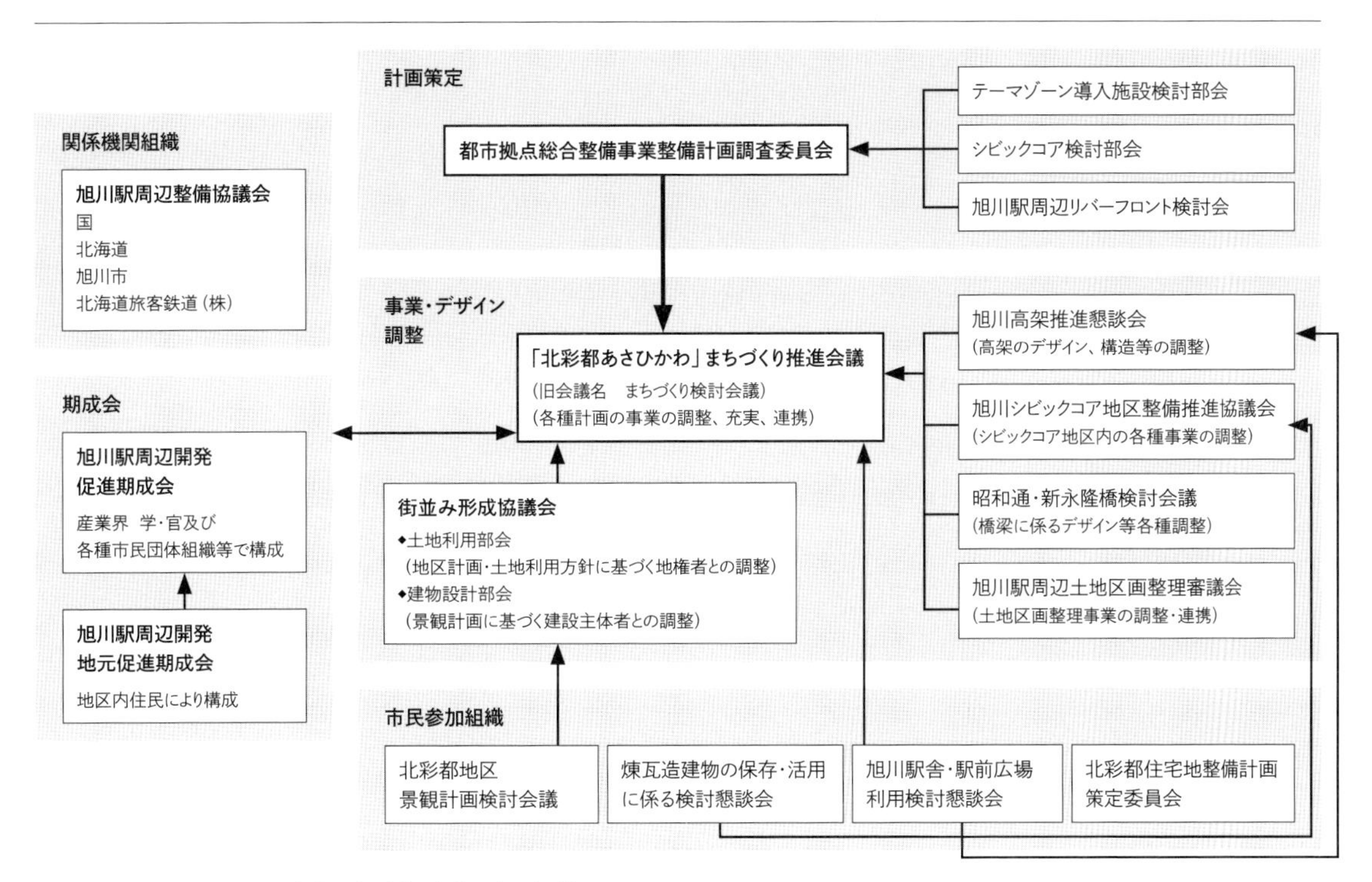

[図Ⅲ-4]北彩都あさひかわ事業の各種検討委員会の組織

[図Ⅲ-5]ビルのスケッチ。意図は本人のみ知る

ビルに、これはもう要らないのか？要らなかったら貰っても良いか？と聞いては貰い受け、スケッチの参考にしていました。今となっては、ああ、残しておけば良かった!!のですが…。風景を頭脳に焼き付ける事が出来るピートは、しゃべりながらアイデアを展開させるタイプで、ビルは手を動かしてスケッチしながら風景を整えるタイプ。二人の全く異なる当時のランドスケープ界の「巨人たち」の傍で、仕事のプロセスを見ているのは、楽しくもエキサイティングな経験でした［図Ⅲ-5］。

2 旭川駅周辺整備の事業としての組み立て

篠田伸生（元建設省）

旭川駅周辺整備の発端

私は、１９９０（平成２）年ごろは建設省で大量の国鉄跡地をどのように都市整備に活かすかという事業推進の窓口を担っていたため、全国の市町村の人々にハッパをかけている最中であった［図Ⅲ-6］。旭川市には旧国鉄車両センターの広大な土地があり、国鉄改革により関連する国鉄職員も大幅に減少し、市の活力が失われるとの懸念があった。市からは、国鉄跡地の活用とともに、中心市街地を拡大して旭川発展のための基礎を築きたいという意向が示されていた。その意向を受け、何はともあれ旭川の現地を肌で感じておかなければ何事も判断できないということで、旭川を訪問した。駅のすぐ東側にありながら人家のほとんどない、線路にも阻まれて、市街地とは全く隔絶した世界が広がっていた。買物公園も往時の賑わいが薄れ、市のまちづくりの方向に大きな曲がり角が来たように感じた。

事業の組み立て

プロジェクトを立ち上げるにあたっては、まず清算事業団用地（国鉄跡地）をどういう形で開発し土地利用を進めるのか、全体を区画整理するにしても基幹となる街路や鉄道などをどういう形にして整備するのかについて、事前にある程度の見込みを立てて事業性を確保する必要があった。そのため、以下のような課題について、建設省内部で基本的な検討を進め、事業としてどのように進めたらいいのか検討を進めることとなった。

・シビックコア構想

全国を見ると、国鉄跡地の活用としては、さいたま新都心のさいたまアリーナに代表されるような大きな集客施設を目玉にしている例が多かったが、旭川においては既に駅南地区に大雪アイスアリーナがあり、大雪クリスタルホールの建設が始まっていた。当時、国の庁舎整備を進める部局が、国の庁舎建設を都市整備に組み入れる「シビックコア」構想というものを進めていた。旭川でも合同庁舎の建て替えが計画されており、それを核にシビックコアでまちづくりをしてはどうかということになった［図Ⅲ-7］。

・都市の基幹交通施設の考え方

函館本線旭川駅は、中心市街地の南端に位置し、その南側にはすぐ忠別川が迫っているため、中心市街地と駅南の神楽地区の連絡街路は実現されないままとなっていた。一方、旭川空港や旭川医大などの主要施設は神楽地区から東に連絡する国道２３７号につながっており、このプロジェクトのもう１つの柱が、中心市街地と駅南の神楽地区を密に連携させることであることは明らかであった。中心市街地と駅南地区を結ぶ駅の東西の幹線

［**図Ⅲ-6**］主要な国鉄跡地等の開発地区。1987（昭和62）年の国鉄分割民営化で出てきた駅周辺跡地の開発プロジェクトは20世紀の末に都市開発に関わる者に大きな夢を与えた

街路2本の整備は、旭川の今後の発展のためには必ずしも過大な計画にはならないと認識した［図Ⅲ-8］。

しかしながら、この連絡街路は鉄道を立体で越え、中心市街地を分断する形になるため、鉄道を高架にして対応することが求められていた。通常、鉄道高架事業は踏切の除去を目的とした「連続立体交差事業」により実施されているが、旭川駅前後の鉄道区間は踏切がないため、「限度額立体交差事業」という手法の可能性が探られることとなった。

・鉄道高架の事業化

鉄道高架事業は、JR北海道の協力なくしてはできない。JR北海道は帯広駅の連続立体交差事業をほぼ終えた時期であり、駅周辺開発も含めてJRの意向を確認する必要があった。また、駅部には運転所の施設が生きており、この移転も必要であった。JR北海道は、帯広の事業で駅前にホテルを開業させ、比較的順調に経営されている状況であり、旭川においても駅直近に生まれる運転所跡地が開発可能となることから、JRとしても旭川駅の高架化事業について、積極的に取り組みうるとの意向が確認できた。事業主体としては、通常であれば北海道が事業主体になるところであるが、今回は限度額方式であるから、街路整備の主体が鉄道高架の事業主体とならざるをえない。しかしながら旭川市だけの事業では、事業費負担が多大となり、かなり厳しいことが予想されたが、北海道も事業主体になることについては調整に時間を要するため、すぐに決めず今後の事業調査の中で詰めることとした。

旭川の鉄道高架事業は、駅南側が河川に面しており、南北市街地の分断の解消という今までとは全く性質を異にする概念の事業であった。しかし、河川を市民に親しめる親水空間として整備すれば、駅から豊かな緑と河川

［図Ⅲ-7］対岸の駅南(写真右側)には既に集客施設が整備され、国鉄跡地では国の庁舎を核としたシビックコアを造ったらどうか、ということになった

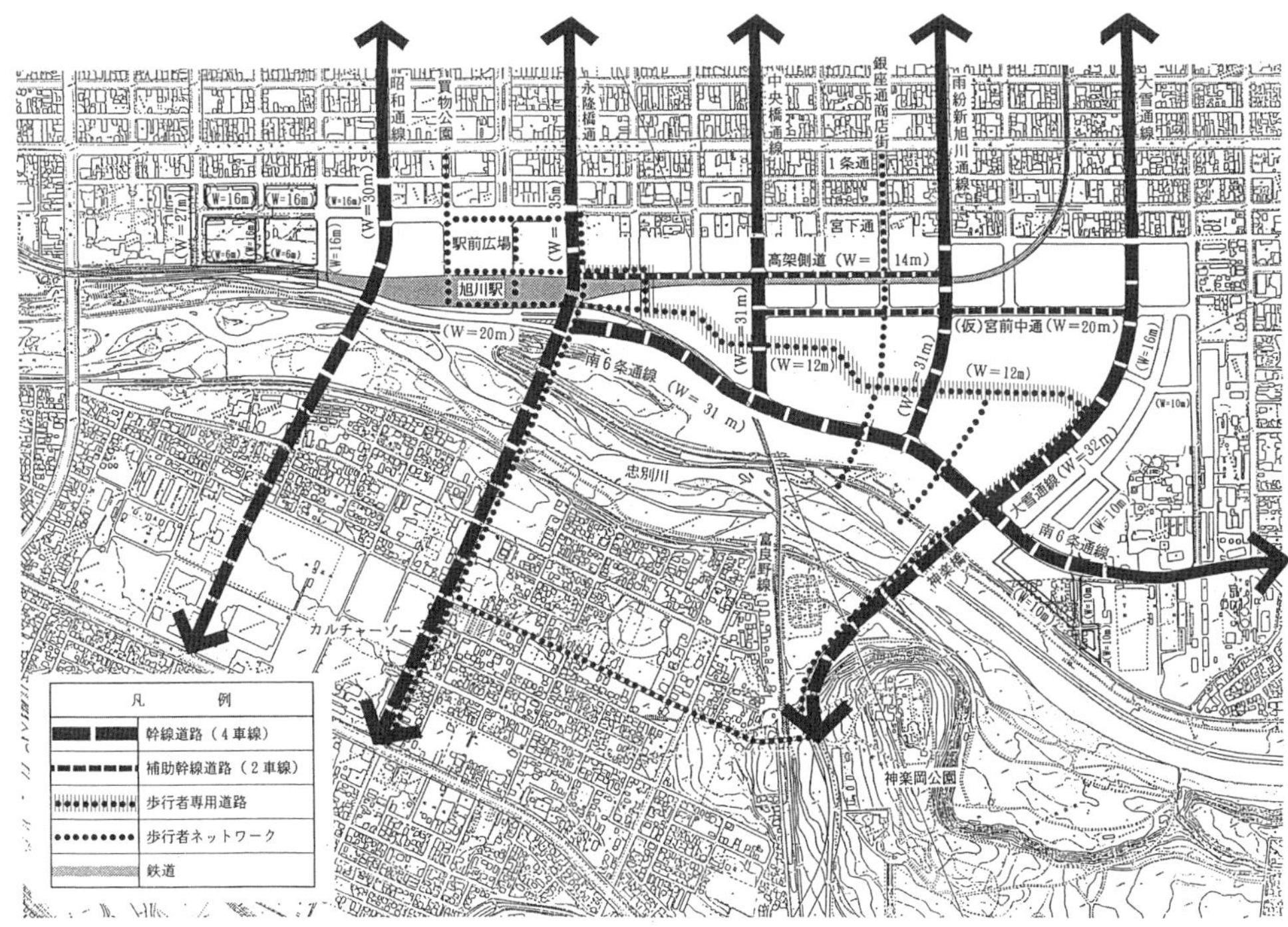

[図Ⅲ-8]北彩都あさひかわの道路網計画。右側の神楽橋は架け替え、駅の両側に橋梁を2本新設することで、駅南地区との緊密な連携を可能とする

出典：旭川駅周辺地区都市拠点総合整備事業整備計画調査（平成6年）

[図Ⅲ-9]移設が必要となったJR北海道の運転施設。その奥には車両センター跡地が未利用地として存在していた

という都市空間を一望できるまさに世界でも稀有な都市空間を実現でき、駅の高架化事業が、南北市街地の連携に加えて、旭川の今後の発展の象徴ともなる都市空間を生み出すという新たな都市整備事業として位置付けられるものであった。こうした考えをもとに、建設省内の関係部局のキーマンたちと調整し、一定の理解を得たうえで、このプロジェクトを立ち上げることとなった［図Ⅲ-9］。

第Ⅳ章

都市の全体像

I

地区の役割と構成

高見公雄

地区の役割に応じた整備内容

北彩都あさひかわは旭川の既成都心部隣接地で行われる大規模都市開発とも言え、その整備内容は市街地内における地区の役割から定められていった。地区の役割から求められた整備内容を列挙すると以下の通りとなる。

・鉄道北側の既成都心部と駅南の神楽地区を連絡する。このために、鉄道を高架化するとともに忠別川に新たな橋を架ける。

・都心部の機能強化の観点から、特徴ある都市機能の集積を図る。国や市の機関、施設を集めるシビックコア、そして川沿いの環境を活かした環境づくり、都心商業機能、都心居住機能などである。

・これらの都市機能は、隣接地区の土地利用との連続性に配慮して配置する。［図Ⅳ-1］

鉄道整備の方針

鉄道整備の答えはかなり明快なところにあった。鉄道整備は、駅の位置、駅部の配線、運転施設の取り扱いが主たる課題であり、駅位置は現位置で立体化するか、別線方式で現位置に隣接させるかの選択肢があった。当時の比較検討案を図に示す［図Ⅳ-2］［図Ⅳ-3］。2つの理由から駅位置は別線で現位置より川側へずらすこととなった。一つ目の理由は高架橋の建設方法である。現位置に新しい駅を整備するということは工事中に仮駅を整備するということであって、工事は煩雑になる。スペースがあるのなら別線

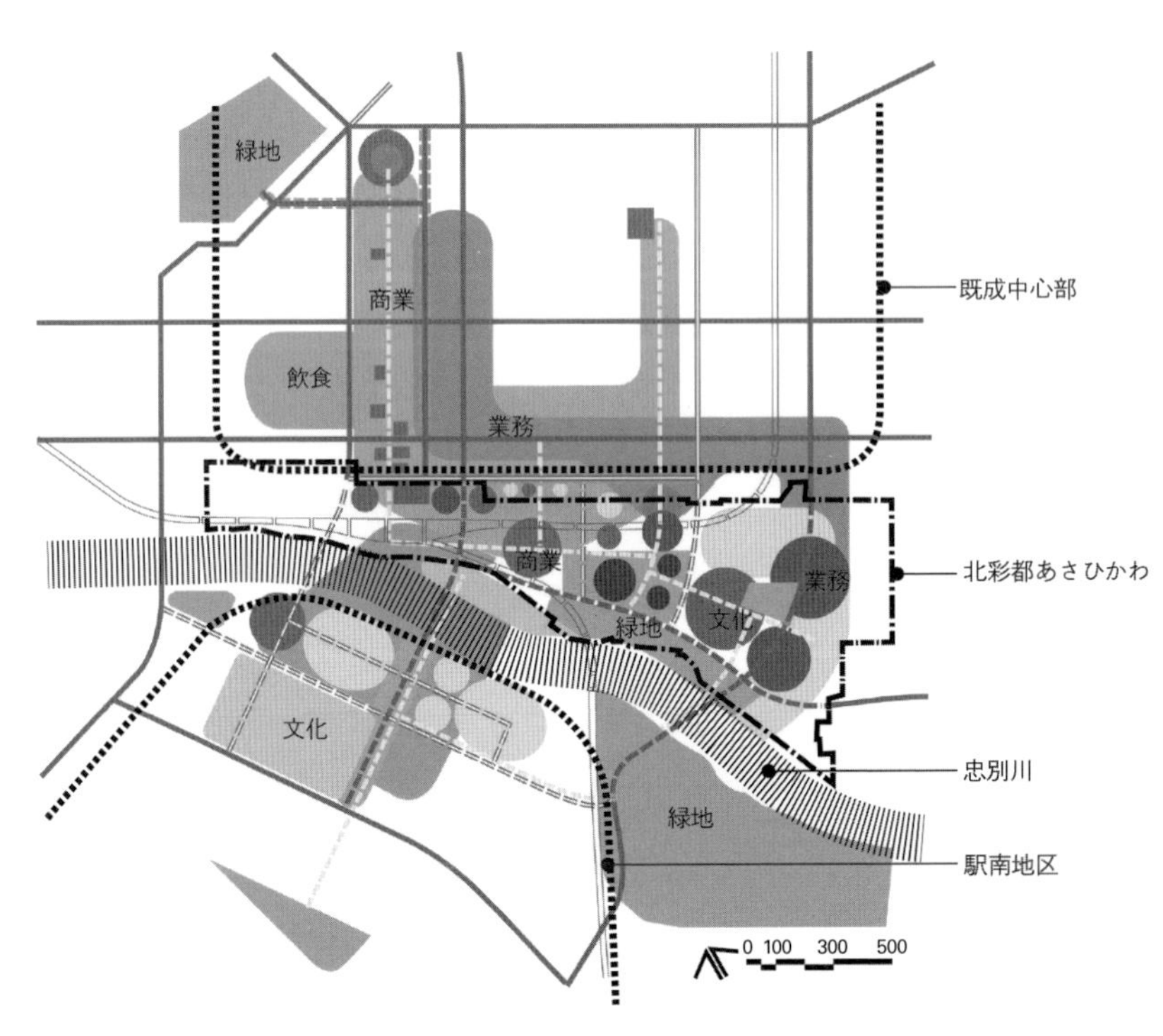

［図Ⅳ-1］地区の役割に応じて、鉄道と川を横断する道路の新設、新たに立地する国、市の施設、商業、住宅などは、周辺市街地との連続性に配慮して配置計画が定められた

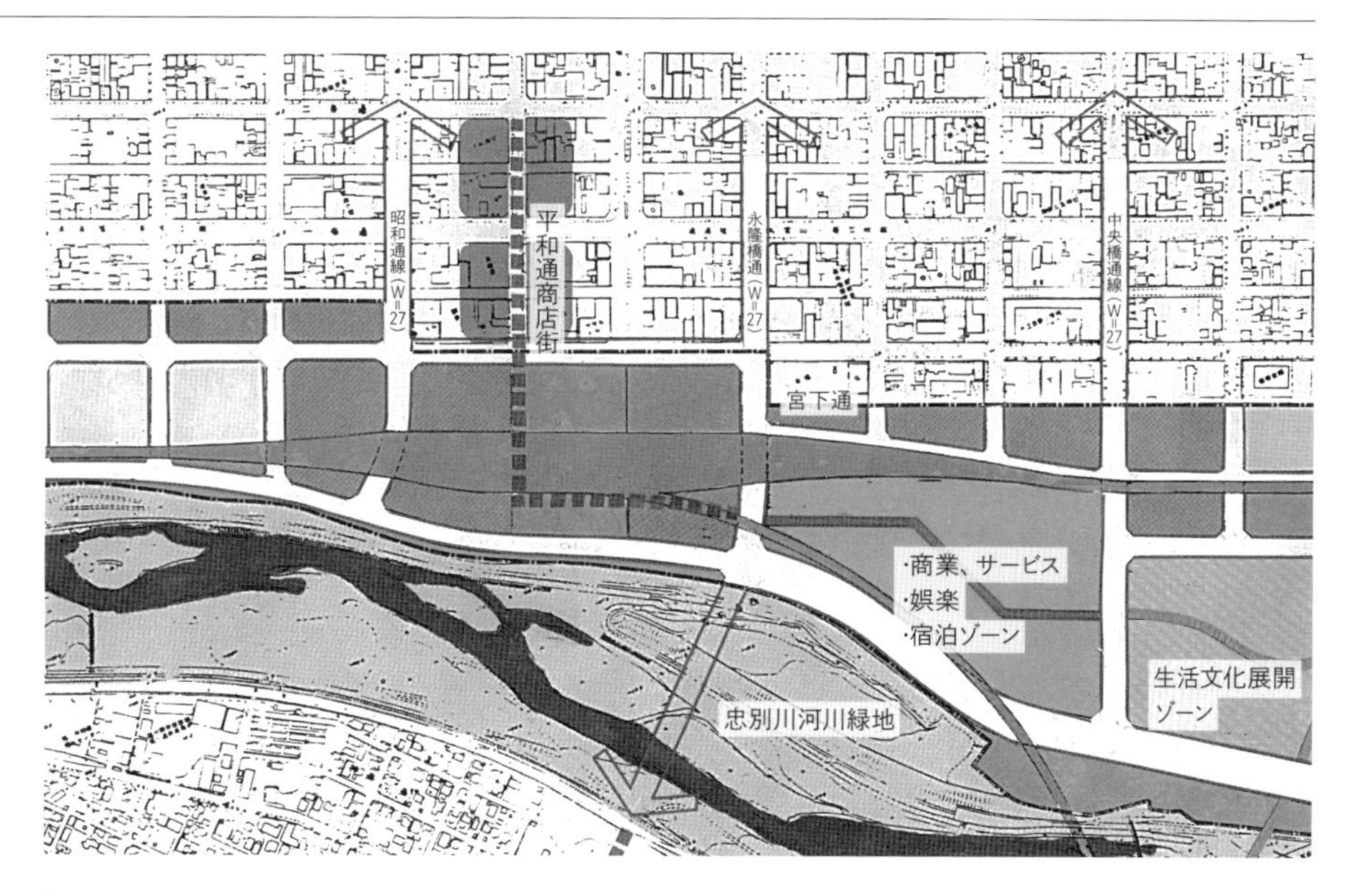

[図Ⅳ-2]第1案　現位置高架案

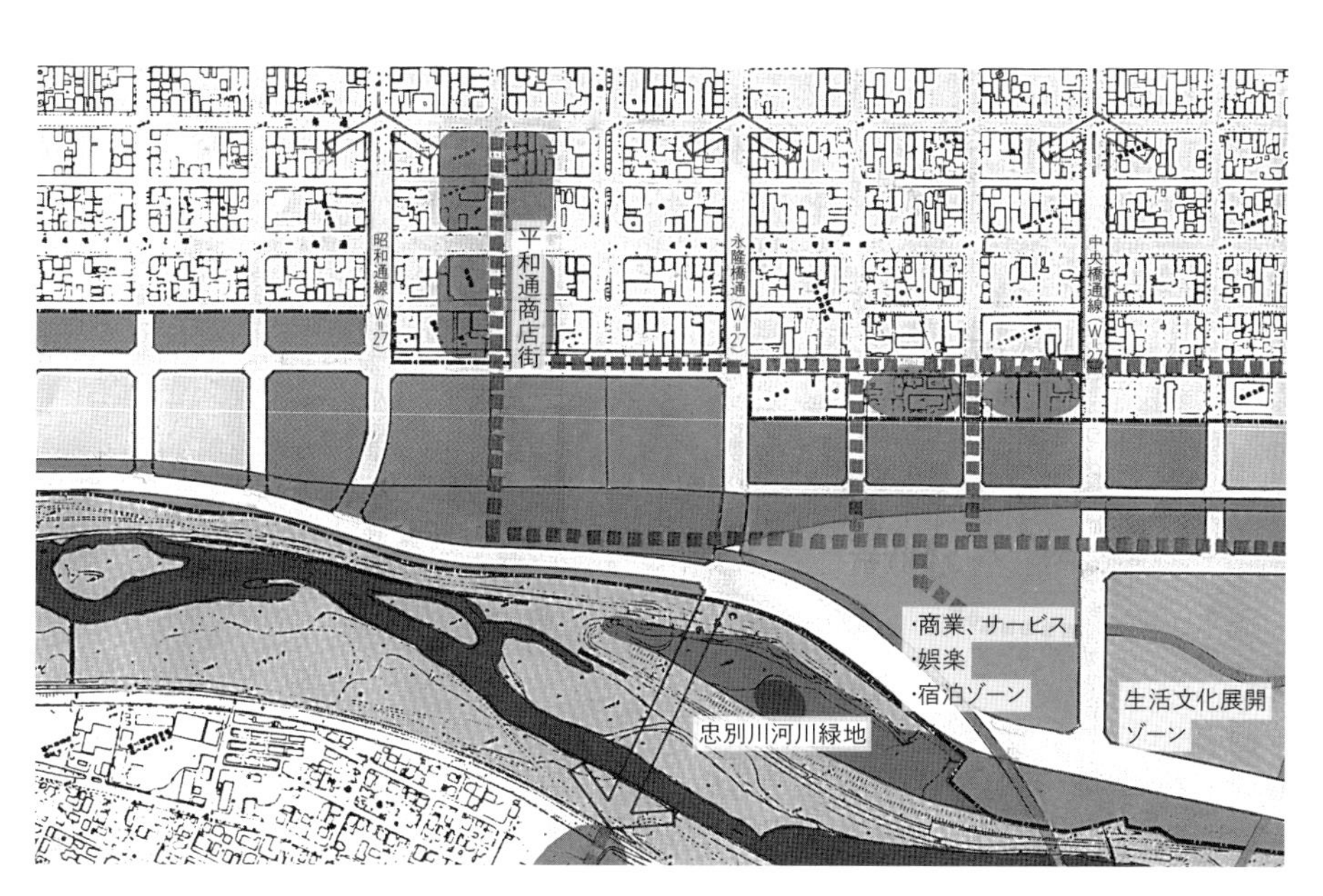

[図Ⅳ-3]第2案　南側移設高架案

[図Ⅳ-2][図Ⅳ-3]鉄道高架については、その位置について比較検討が行われた。現位置で高架化する案と南側に移設する案であり、工事の容易さおよび駅北により多くの土地が生み出されることを狙いとして、南側移設案が選択された

とする方がシンプルである。もう一つは事業採算面からの判断である。旭川駅は北側に商業地が拡ってきたことから、駅北の方が地価は高い。鉄道を南側にずらすことで北側の土地が増え、事業収支の好転が見込まれた。

道路網と土地利用

道路網、鉄道整備方針、緑地体系などについては、１９９３(平成５)年度に実施された「旭川駅周辺地区都市拠点総合整備事業整備計画調査」において基本的な方向が固められた。

この時点では、駅東側で忠別川を渡る道路は唯一神楽橋であり、駅の近くで忠別川を渡る道路の新設は必須のものであった。土地利用については、国の機関の立地が決まっていた。旭川の都心を再生させるのであるから、地域の産業振興に資する街づくりでありたい。そのようなことから、地区の中央部には旭川の地場産業である旭川家具関連の機能を導入すべきものとした。駅の近くは商業であろう、と考えていくと、広域幹線である大雪通沿いに公共施設を軸とした「シビックコアゾーン」、駅近くを商業ゾーン、そしてその中間に旭川家具関連の「生活文化展開ゾーン」、川沿いには緑地とともにこの環境を活かした機能、そして線路の北側は都心居住の場所、といった土地利用の骨格が決まっていった［図Ⅳ-4］。

2 市街地形成の基本イメージ

高見公雄

その後を決定づけた一枚の図

「総合整備計画」では最終の市街地形成イメージ図が示される［図Ⅳ-5］。このあっさりとして余り冴えない図が、その後の当地区の空間構成を決定づけるものとなっていく。

川に接するまちであるから、河川空間と連続したものでありたい。川からまちへ向かう南北の街路沿いは、「外部空間確保ゾーン」と呼び自然環境豊かな場所として川の環境を市街地に呼び込む。一方都心ルネッサンスといって、新たな都心地区をつくるのだから、原っぱのような場所ばかりではないだろう。東西の道路沿いと大雪通沿いは「街並み形成ゾーン」と呼び、〝まち性〟の高い場所としていきたい。この地区の空間構成はこの二つの考え方を骨格としよう。まちをこんなスケールで構想できる機会は滅多にない。この時私たちは鉄道による分断を解消し、川を横断できる橋を新設することで新しく生れるこの市街地について、原則的なその構成方針を明らかにできたと実感した［図Ⅳ-6］［図Ⅳ-7］。

［証言……7］

連立＋区画整理の実験場

高見公雄

タイトルから略称で失礼。「連立」と略される鉄道の立体化事業、正式には「連続立体交差事業」と呼ばれ、わが国において１９６９(昭和44)年から始まりました。国鉄跡地は駅裏に発生する場合が多く、跡地を活用するための整備事業は、道路付けの悪い跡地を区画整理するだけでは不足で、同時に鉄道の立体化を進めるべき地区が多く存在していました。一方、連続立体交差事業は巨額の費用を要することでも知られ、拠点駅を含む区間の事業費は数百億から１，０００億に及ぶ場合も多くあります。旭川での事業費は結果として約６００億円となりました。これらの投資がうまく都心の再生につながるか、また

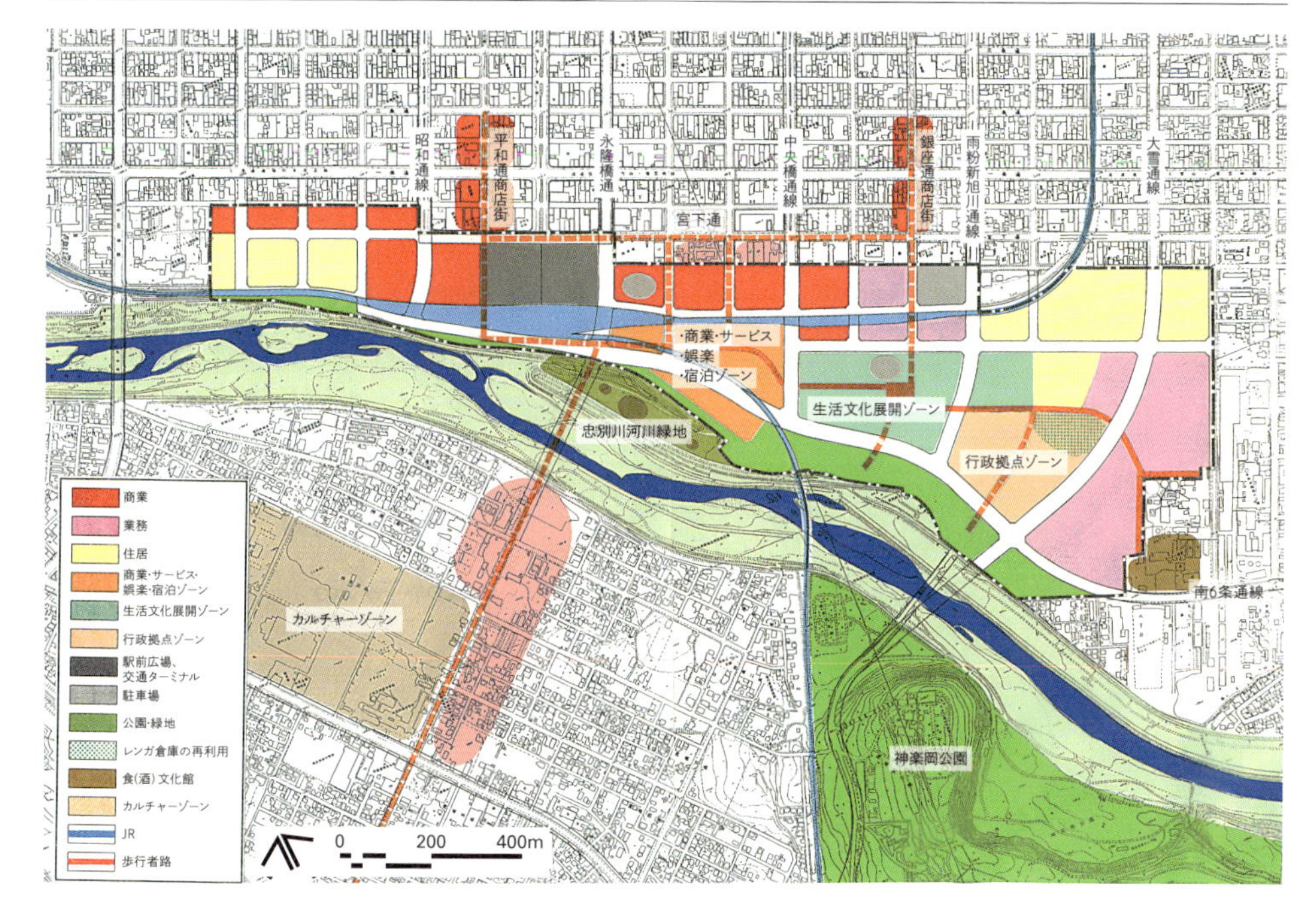

［図Ⅳ-4］地区東側で忠別川を渡る道路については、3ブロック東側の大雪通へつなぐよう変更された。川を渡る道路は駅の両側に各1本、計3本の橋が新設された。土地利用は、東からシビックコアゾーン、生活文化展開ゾーン、商業ゾーンとされた

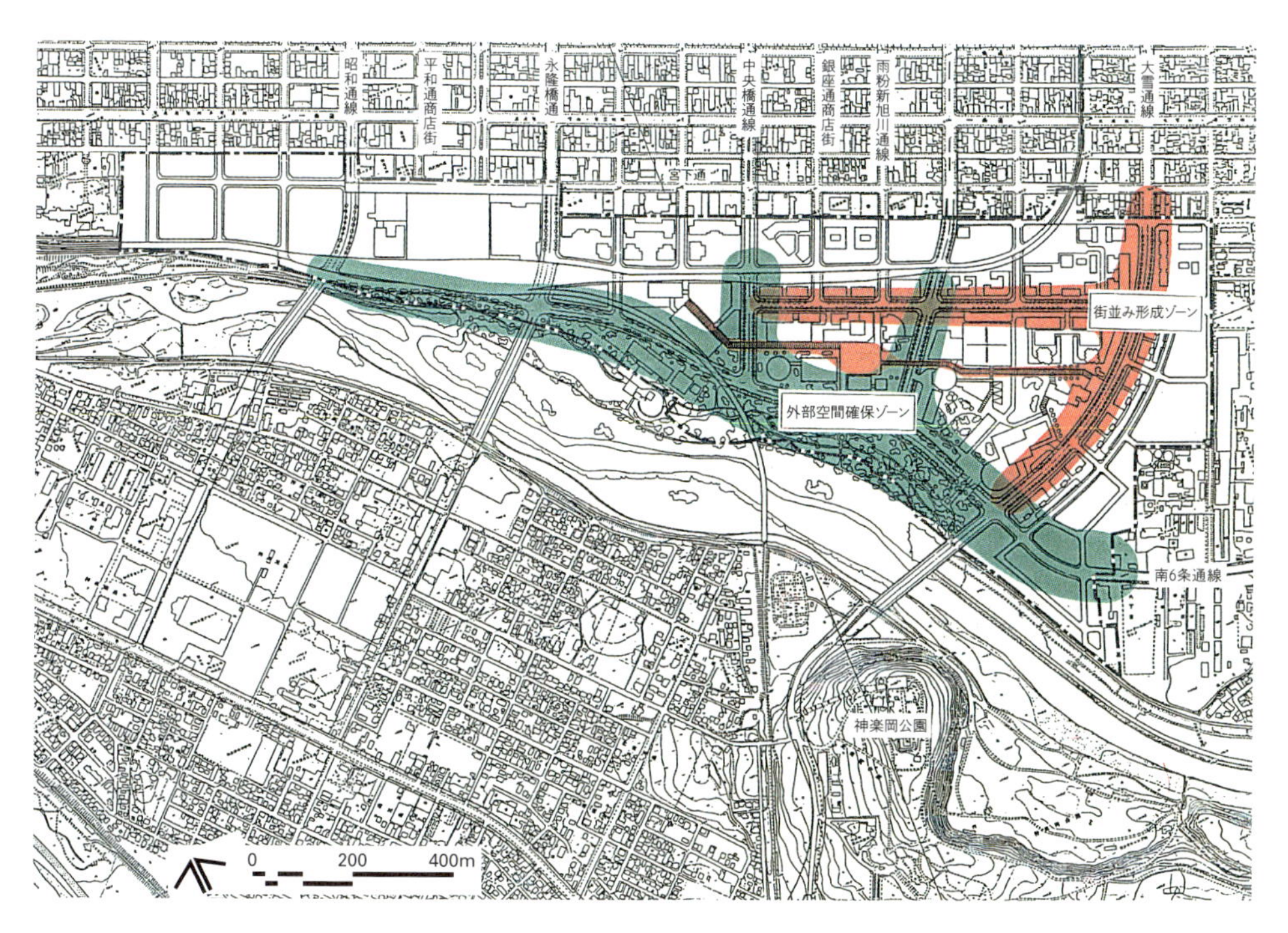

［図Ⅳ-5］北彩都あさひかわの基本イメージは明快。川沿いの自然環境を活かしかつこれを道路沿いに市街地内に引き込み、これと交差するように新たな都市的空間を作ろうとするもの。この基本イメージがすべてを決定していった

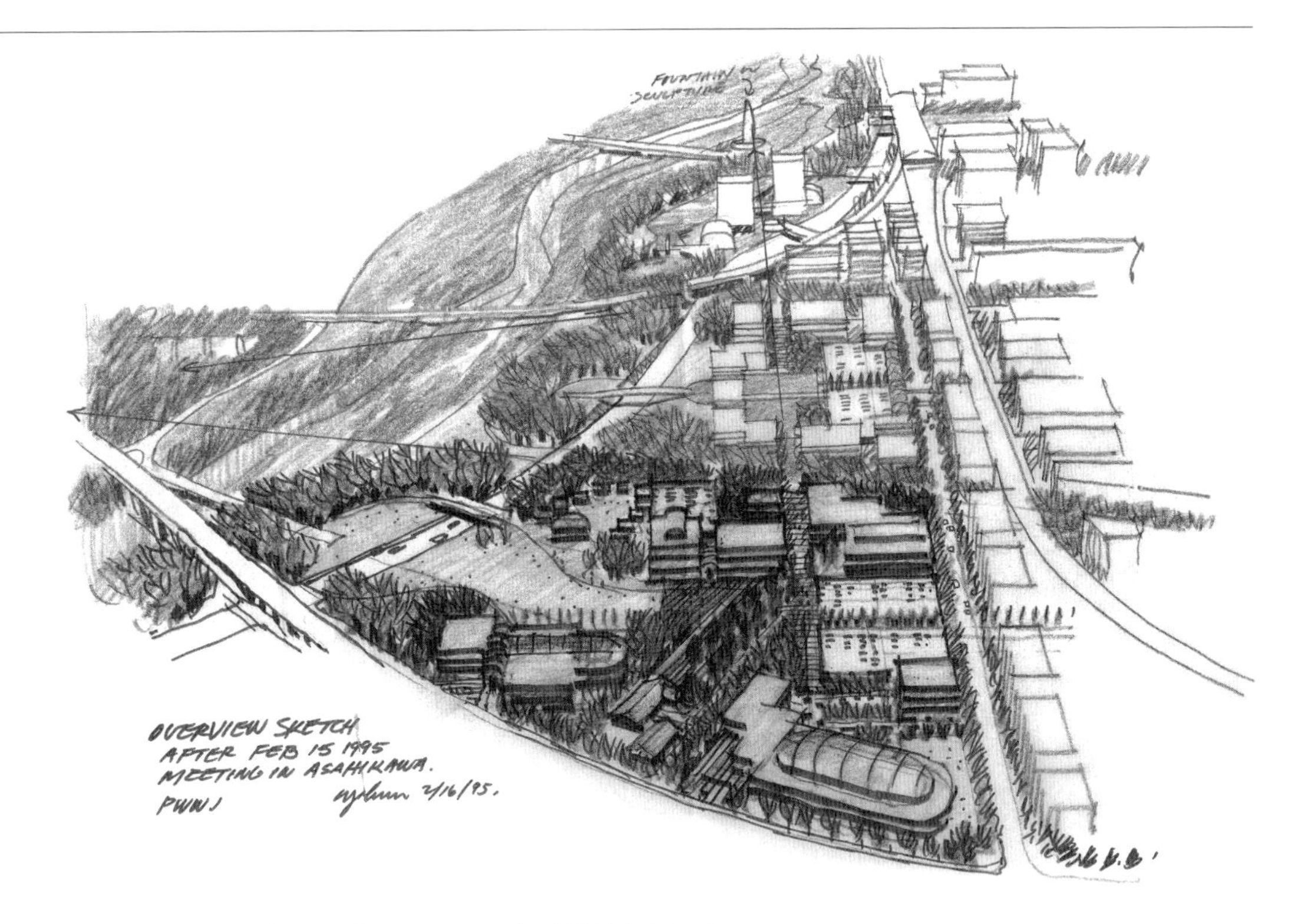

［図Ⅳ-6］基本イメージをビル・ジョンソンはこのように具体的なイメージとして翻訳してくれた

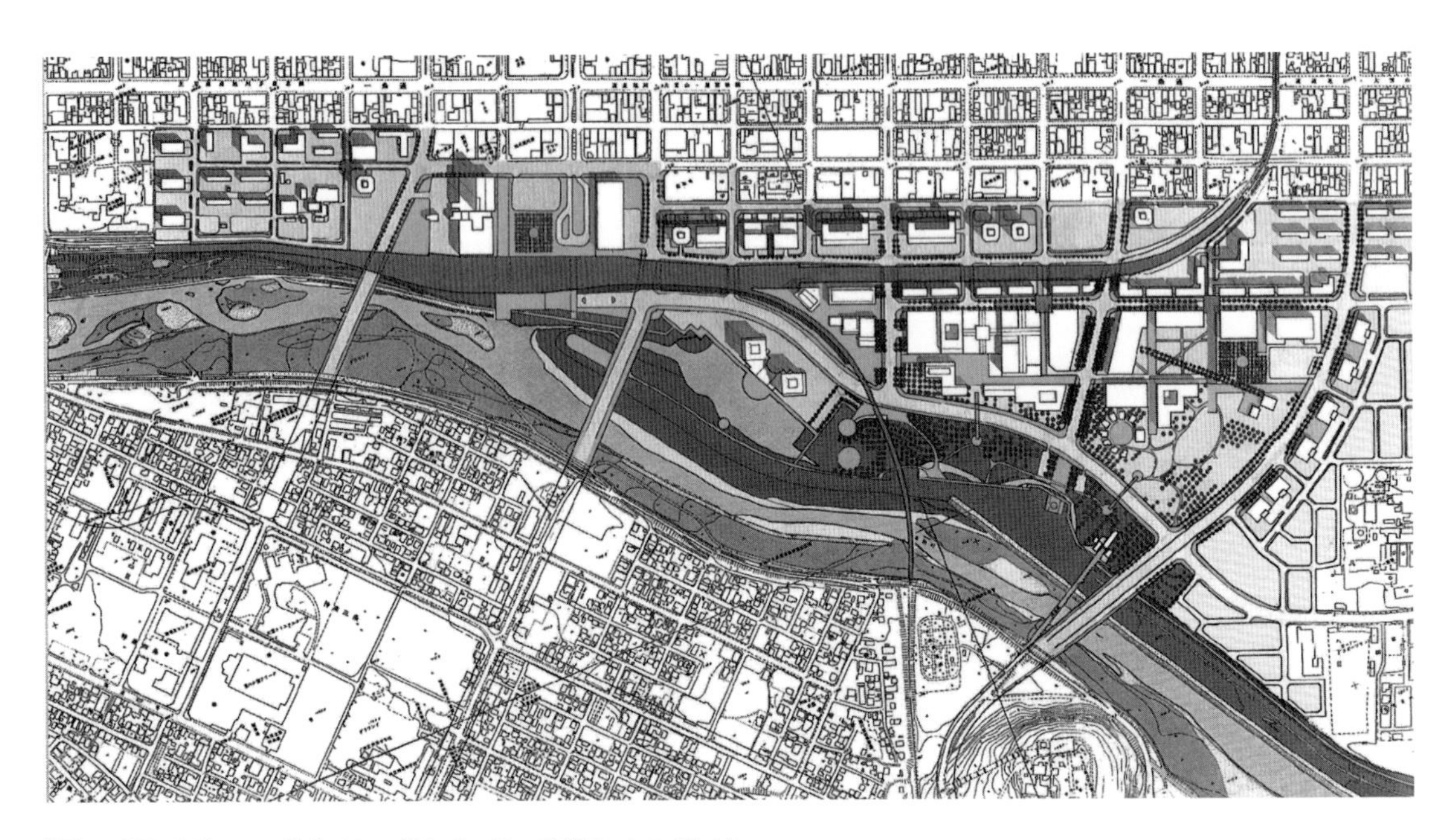

［図Ⅳ-7］平面図としての基本イメージ図。その後の整備はこれに基づき進められた

どのような事業と組み合わせて進めるべきか。旭川は忠別川の存在により鉄道を高架化しない限り車両センター跡地は殆ど活用不能な地形であったため、当時、国では連立＋区画整理を効率よく進めるための候補地としてこの地区は魅力的だったのだと思います。

［証言……8］

全体模型の制作

斉原克彦（芝浦工業大学大学院生）

全体模型の製作に着手したのは、1995（平成7）年。土地利用の骨格が固まり、アーバンデザインに関するイメージが具体化しつつある時期でした。PWWJから送られてくる図面は、個々の要素の関係を示すコンセプトが明快で、何を伝えようとしているのかが容易に理解できるものであったため、模型のつくり方に関して迷うことは、殆どなかったと記憶しています。

問題は樹木の造形でした。結果はPWWJから樹木の提供を受けることとなり、米国より空輸された樹木は約五千本。これを一本ずつ植樹していく作業は、途方もない作業でした［図Ⅳ-8］。

［証言……9］

難航した二本の幹線道路橋による鉄道高架化の提案

佐藤敏雄（北海道開発コンサルタント）

1980（昭和55）年、当社がワークを担当した「駅南地区開発計画」では、営林署跡地を中心とした地区を、「カルチャーゾーン」として整備し、既存都心とツインコアで旭川市を発展させる計画でした。そのためには既存都心と駅南地区を結ぶ強力な「都市軸」の形成が必要であり、昭和通線、永隆橋通線の延伸と平和通買物公園通線の歩行者専用道としての駅南地区への延伸が計画されました。このとき、鉄道高架化の提案を初めて行っています。私が参加したのは1988（昭和63）年、鉄道を出来るだけ忠別川寄りに配置して、道路橋で立体化する方が全体事業費を低減させることができるのではないかと発言したことを覚えています。その後両側の鉄道高架が終了した狭間にあるため、鉄道駅部の半地下化が困難であることがわかり、私自身が鉄道高架化必要性の説明役となっていくことになるのですから不思議なものです［図Ⅳ-9］［図Ⅳ-10］。

［図Ⅳ-8］全体模型の部分。樹木の植え付けは大変な作業だった　（撮影:堀内広治／新写真工房）

［図Ⅳ-9］駅南カルチャーゾーンの整備構想。図奥側が既存の都心部。鉄道を高架化して、忠別川対岸とを結びつける内容であり、北彩都あさひかわの元となる考え方

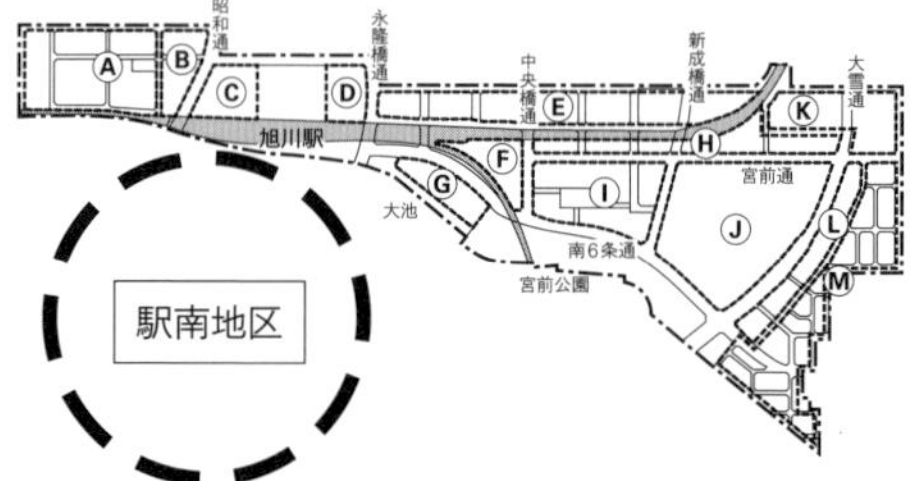

［図Ⅳ-10］1991（平成3）年頃の「ハートランド旭川21」計画。この時点では、東側で忠別川を渡る道路は従前と同じように、大雪通の3ブロック西側につなげられている

第V章

川と駅と広場——面のアーバンデザイン

I シビックコアでのまちづくり実験

高見公雄

地区の東側、大雪通沿いにシビックコアを形成するために約10haの巨大街区を設定した。「Jブロック」と名付けられたこの街区には、国の合同庁舎、市の公益施設、駐車場などが計画された。敷地境界には柵を設けず、10haを一つの敷地として公開空地を出し合い、一体の屋外空間を形成しつつある。公共主体中心であることに着目した、通常では考え難い屋外空間整備の実験である［図V-1］。

地区整備を牽引したシビックコアと政治情勢

旭川駅周辺整備事業の大きな牽引役となったものが国の合同庁舎の建設計画である。少々生臭い話となるがこういった事業の推進については、計画段階から事業段階への最初の一歩が重要である。その一歩とは予算化である。旭川駅周辺整備において、この最初の一歩には当時の国政レベルでの動きもあり、旭川の庁舎に実施のための予算が付けられ、地区整備は一気に加速した。

ランドスケープからのまちづくり、その具現の場

ランドスケープからまちを作るという取り組みが、旭川駅周辺整備の一つの大きな特徴として挙げられ、その中でも特に「Jブロック」が一つの売り物となっていった。Jブロックに立地する公的な施設は、国の合同庁舎、市の障害者福祉センターと科学館とされ、これに公共駐車場を加えたプログラムであった。また、当時は西隣の街区に予定されていた旭川

［図V-1］地区東側にある「Jブロック」と名付けられた約10haの巨大街区の中庭。左から国の合同庁舎、旧国鉄のレンガ造建物を再利用した市民利用施設、そして右端は市の科学館。敷地境界線は設けられているが、柵などはなく、各施設は一体となる公開空間を拠出しなくてはならない

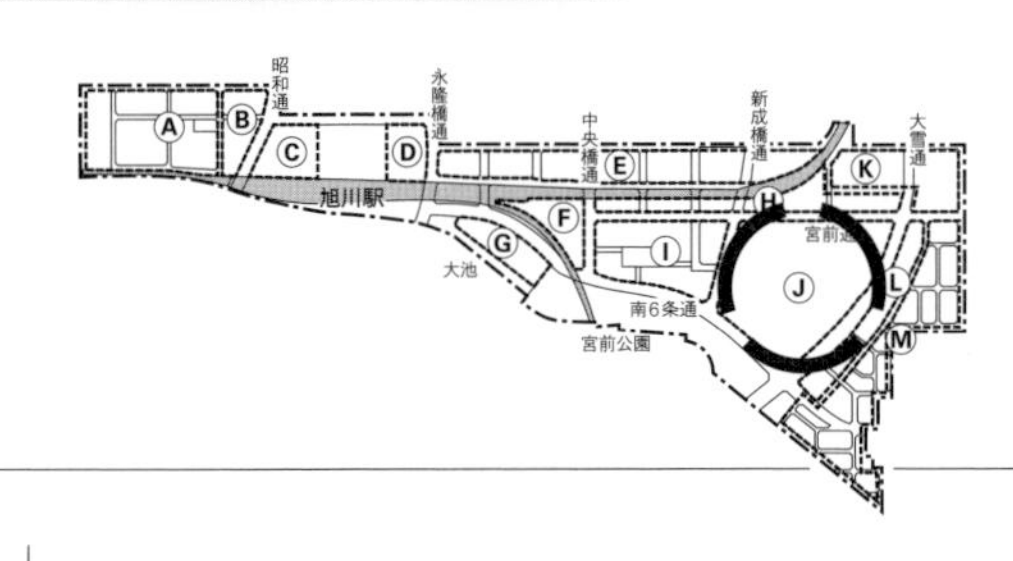

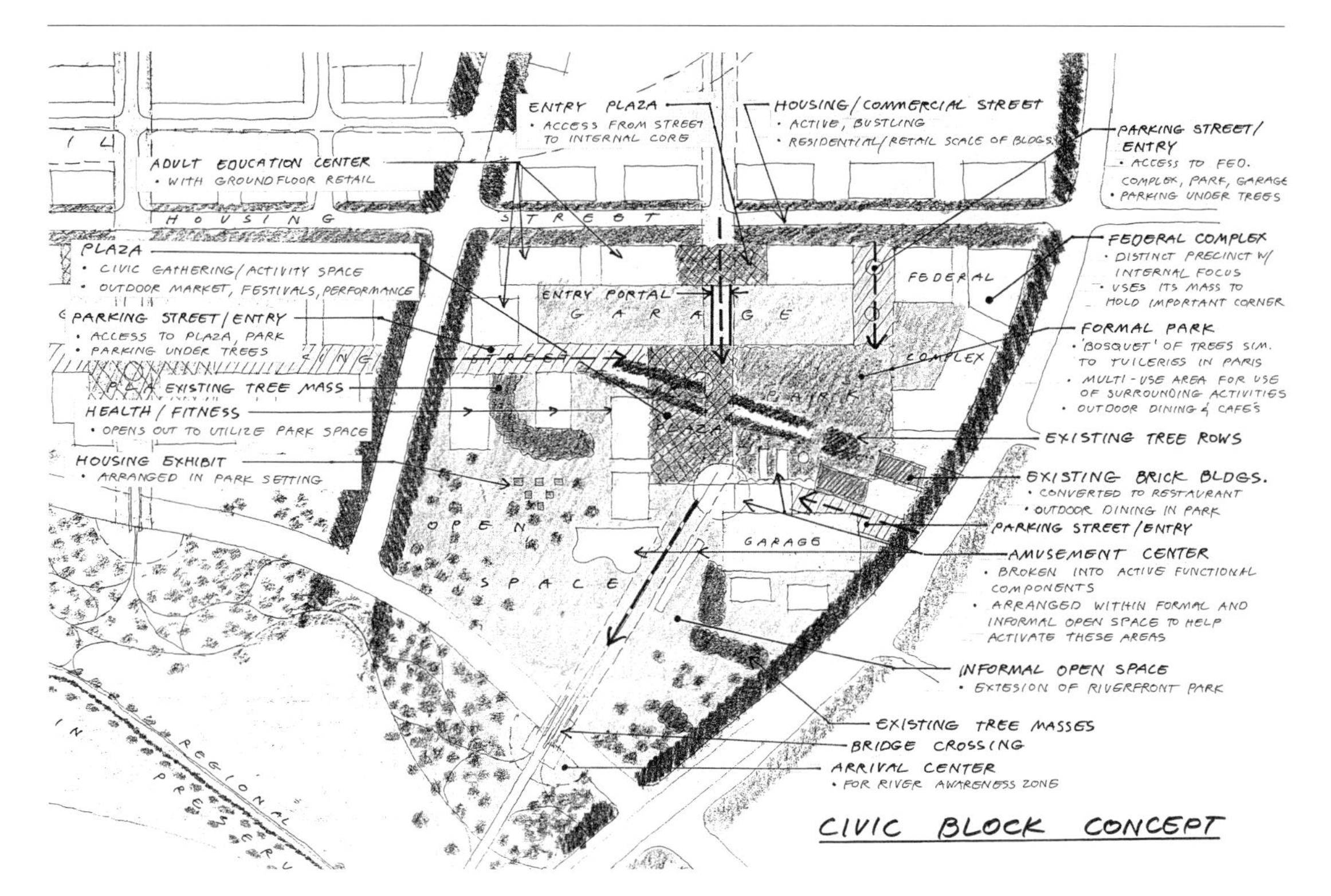

［図V-2］Jブロックの詳細を示したビルのスケッチ。この時点では中央左上から右下へ向かうナナカマドの並木保存が着目されていた。川から連続するオープンスペースを軸に、これを囲むように予定される諸施設が配置され、それぞれの施設の中庭は一体化され、公開されている

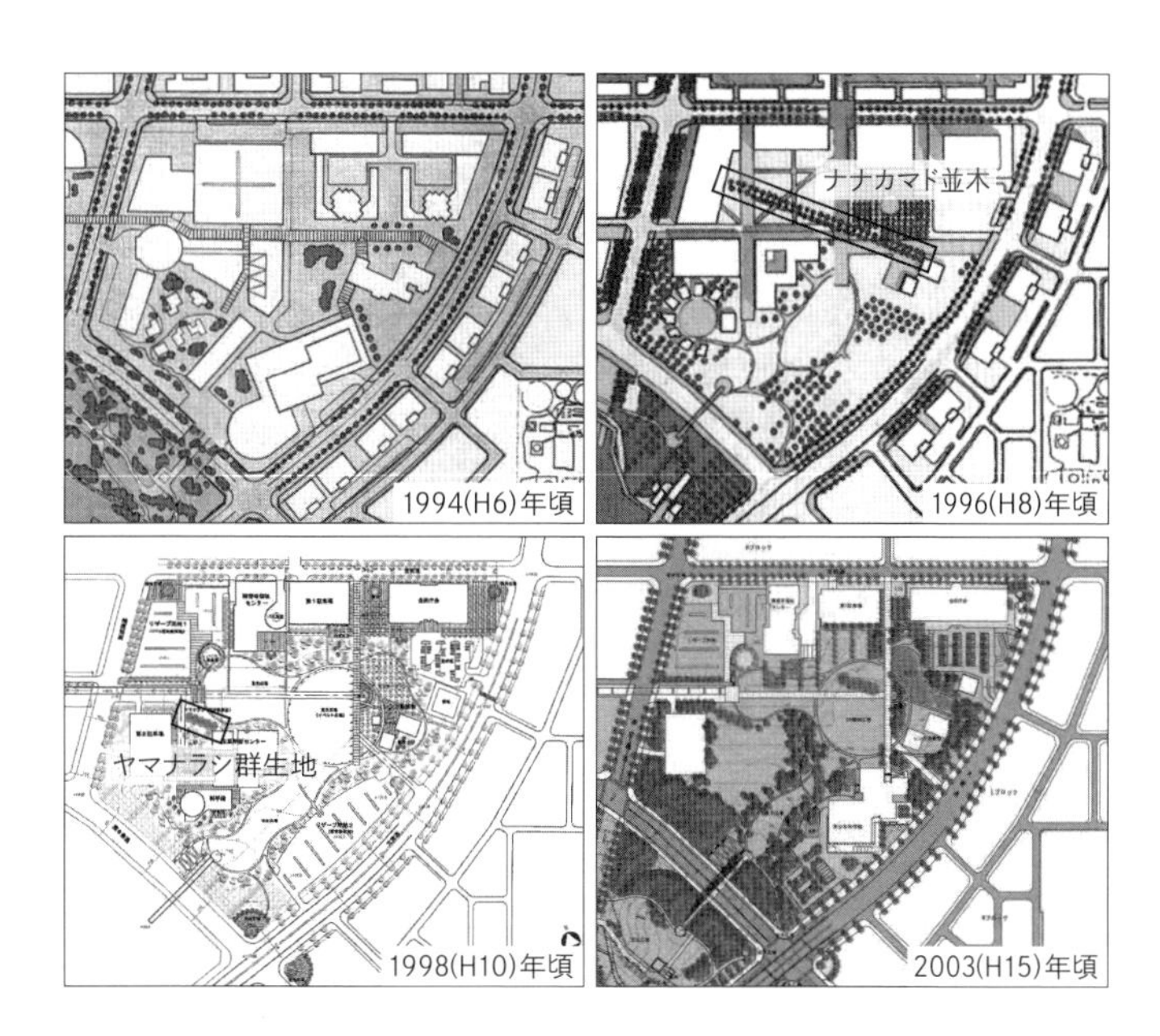

［図V-3］Jブロック計画の変遷。駅方向のIブロックから街区中央部へ歩行者専用道路で引き込み、各施設へアプローチするといった最終形まで残る動線の考え方は見られる（左上、1994年頃）。当初重要とされたナナカマド並木の保存（左上、1996年頃）は、より価値の高いヤマナラシ群生地の保存に変わっていく（1998年頃）。そして街区中央部とされた市の科学館は東側大雪通沿いに位置が変わる（2003年頃）。これがほぼ現状である

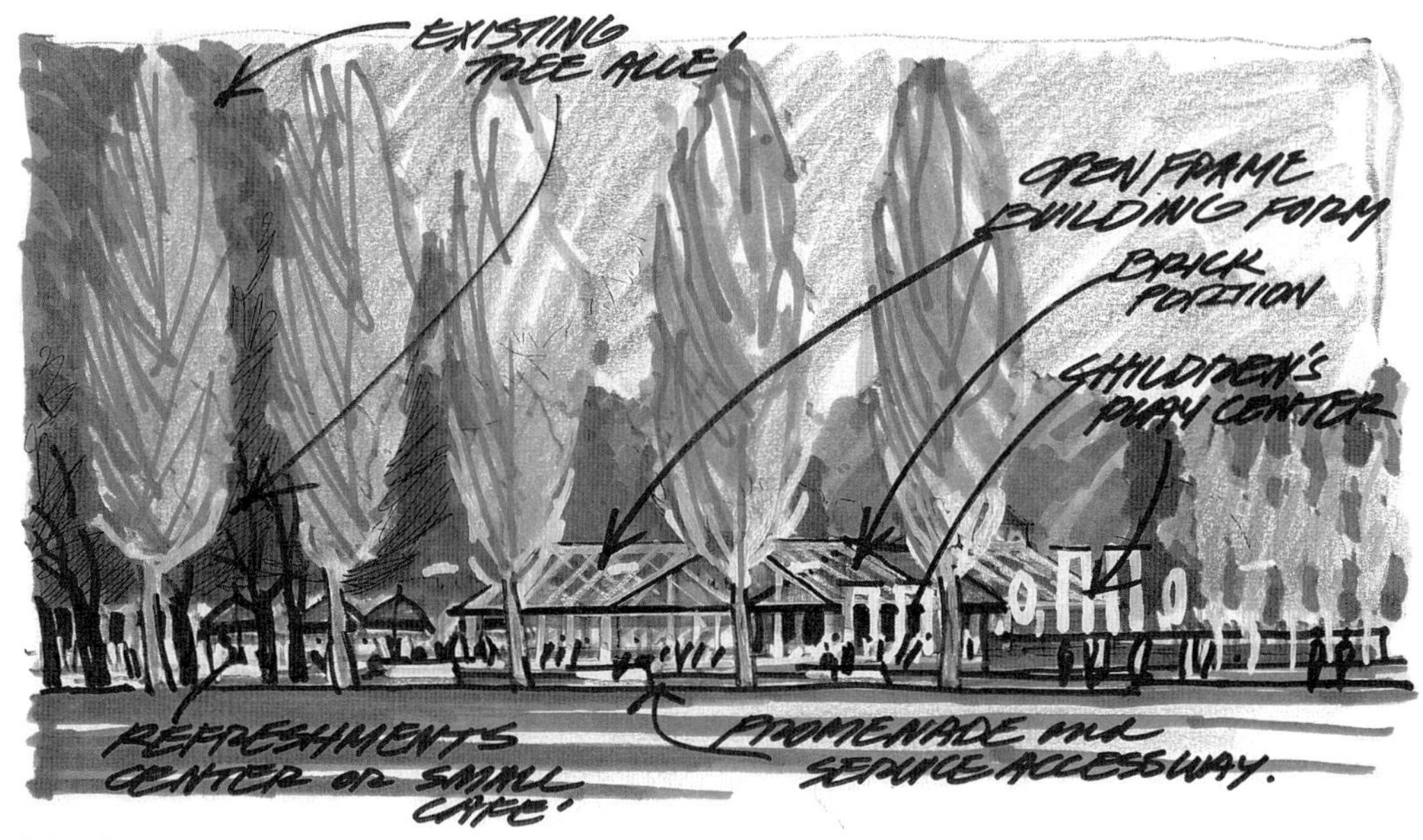

［図V-4］

［図V-5］

［図V-4］［図V-5］ビルによるJブロックのイメージ。ブロック内に共通のオープンスペースが確保され、四季折々人々がそこで楽しむ、そんなまちを彼は作ろうとした

家具を軸としたテーマ機能ゾーンとの関連性の中から、住宅展示場もJブロック内への立地が想定された［図V-2］［図V-3］。

国との用地交渉

国は合同庁舎建設に意欲的であったが、その用地確保は順調にはいかなかった。「シビックコア制度」とは、都市整備側と庁舎を造る側が協力してまちづくりを進めるものであるが、財務省から簡単にOKはでなかった。一つは規模であり、かなりの縮小を迫られた。もう一点は取得方法であり、新規取得は認められず、市内他所の国有地をここに移動するということで決着。まちづくりの根幹はこんなふうな土地のやりとりに大きく左右される。

地区計画を超える調整のルールづくり

この巨大街区での実験は、この街区に立地する各施設がそれぞれに外構や庭を持つのではなく、街区全体を一体のデザインのもとに外部空間を出し合い、つくっていくことである。ここでは、広大な土地をまとめて開発できる機会を捉え、複数の施設を一体的に計画、整備していこうと考えた。そのベースとなるものがビルのスケッチである。立地施設のプログラムを良く理解しているビルは、Jブロックの現況、周囲との関係性などに配慮しながら、ブロック全体の将来像を描いた。それは鳥瞰パースに始まり、各部のアイレベルのスケッチとして我々に提示された［図V-4］［図V-5］。

まちづくり推進会議で議論を重ね、各敷地では、共通のオープンスペースづくりのため敷地面積の40％を拠出する、各施設の敷地割に合わせた円環状の歩行者動線を確保する、といったルールを策定、より具体的な事項については、建築の設計図を推進会議に持ち込み、街区を一体的に造るこ

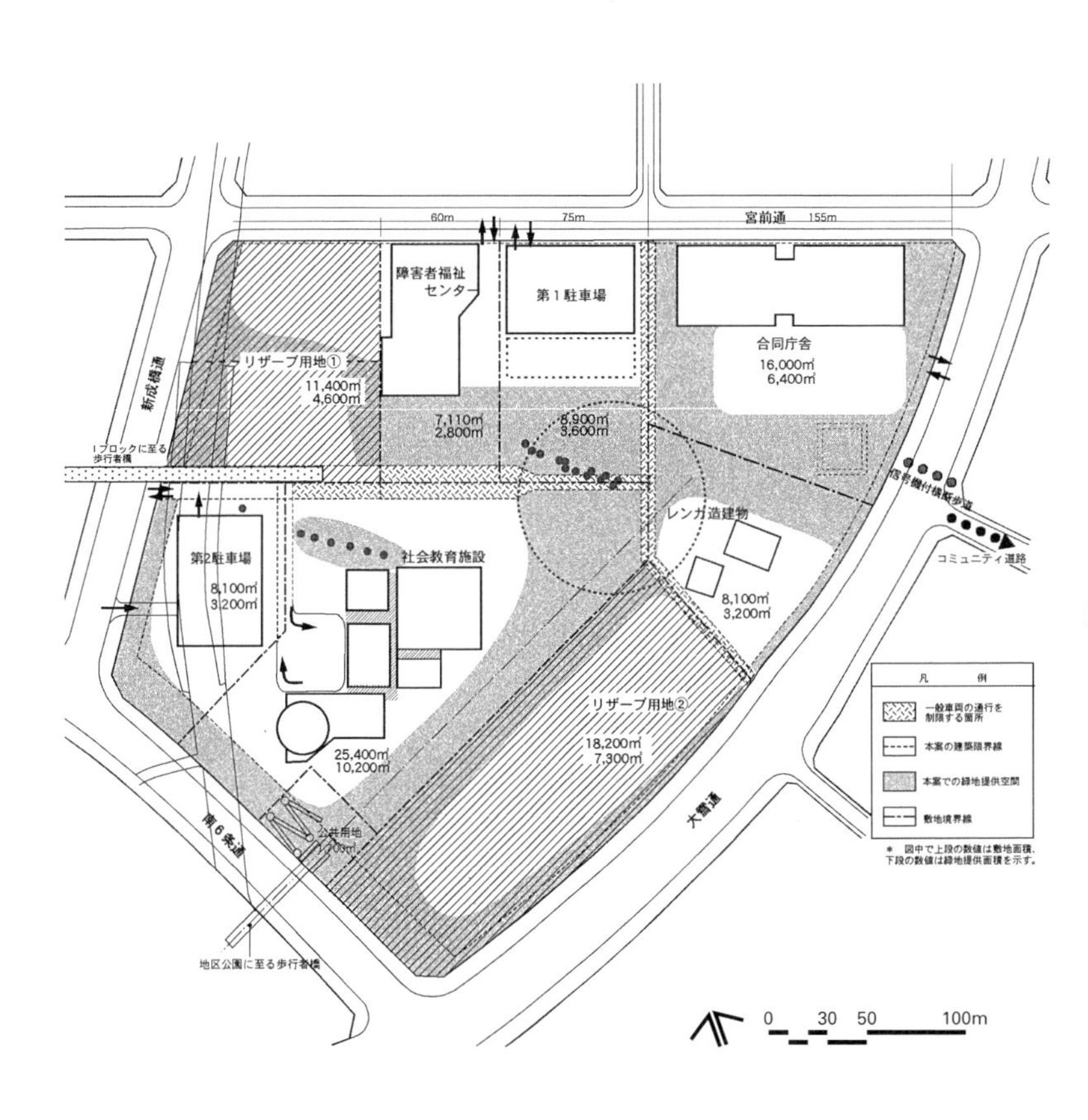

［図V-6］Jブロックで共有されたルール
・保存すべきとされたヤマナラシなどの既存植生を保全する
・街区内に残した、旧国鉄のレンガ造の鉄道保守施設を再利用する
・各敷地では、共通のオープンスペースづくりのため敷地面積の40%を拠出する
・各施設の敷地割は図に見られるものとし、これに合わせた歩行者動線を確保する
・街区全体を対象としたランドスケープデザイン案に基本的に従い各者が築造する

［図V-7］賑わう円環広場

［図V-8］科学館と奥には忠別川と生態階段。右側に円環広場の一部が見えている

とについて繰り返し調整が行われた。なお、法に基づく地区整備計画については、やや一般的な規程として都市計画決定されるに止まった［図V-6］。

姿を現しつつある川と連続した公開空間

この巨大街区については、市の障害者福祉センター「おぴった」、国の旭川第一合同庁舎、市の科学館「サイパル」、レンガ造施設を改築した旭川市市民活動交流センター「Co co de」が建ち、それらの敷地の範囲について一体的なデザインのオープンスペースが出来上がっている。円環広場と呼んでいる全ての敷地に跨がり成立する真円の広場についても過半ができ上がった。これらオープンスペースと忠別川沿いの公園を連絡するための南6条通をまたぐ歩行者専用橋もでき上がった。1996（平成8）年頃多くの関係者の参加を得て、エネルギーを注ぎ議論したこの巨大街区での実験の成果は姿を現しつつある［図V-7］［図V-8］。

［証言……10］

旭川合同庁舎の整備

菅崎 栄（北海道開発局営繕部）

旭川合同庁舎計画は、市内に散在する庁舎の老朽・狭隘化等を解決するために建て替えられたものです。計画にあたっては、シビックコア検討部会等において、厳しくも的確なご意見をいただきながら整備計画の検討等を進め、円環状広場、入口広場の整備や緑化率40％の確保等など全国的にも画期的な取り組みが図られることとなりました。

設計にあたっては、北海道開発局初のプロポーザル方式により黒川紀章建築都市設計事務所を特定し、「ユニバーサルデザイン」「環境対策（外断熱、アトリウム、太陽光発電等）」等の新たな取り組みを積

［図V-9］合同庁舎の完成写真。中央の円錐型のコアを境に手前をI期、奥をII期で施工。予算の都合でII期は背が低い

極的に行っています。事業実施は予算の関係から、2期に分かれ、Ⅱ期においては、コストダウンの至上命令から、庁舎のスカイライン（パラペット）を揃えることができませんでした［図Ⅴ-9］。

2 河川空間と公園のランドスケープデザイン

下田明宏・大津正己（D＋M）

忠別川をまちづくりの骨格に据えた北彩都あさひかわにおいて、河川空間ならびに連続する公園はまちの魅力のベースとなる。そのデザインはＰＷＷＪによって作成されたマスタープランを引き継ぎ、また発展させながら、実際の空間に落とし込む作業が進められた。

忠別川

忠別川は、大雪山連峰の忠別岳にその源を発し、天人峡から川上盆地を走り、下流部で美瑛川、さらにその後石狩川に合流する流路延長59km、平均河床勾配１／１００の北海道屈指の急流河川である。忠別川の河川敷は、市民のゲートボールコート等として使われていたが、旭川市民の忠別川に対する関心、或いは意識はそれほど高くはなく、旭川市の「誇り」として市民が共有しうる「価値」としては認識されていなかった。

マスタープランにおける基本方針と全体計画

このような旭川における河川空間と市街地の関係性を踏まえ、ＰＷＷＪらによるマスタープランでは、以下に示す３つの方向性が提示された。この考え方は第Ⅰ章のビル・ジョンソンによる講演記録に詳しく述べられ

［図Ⅴ-10］北彩都ガーデンから繋がる忠別川沿いの空間

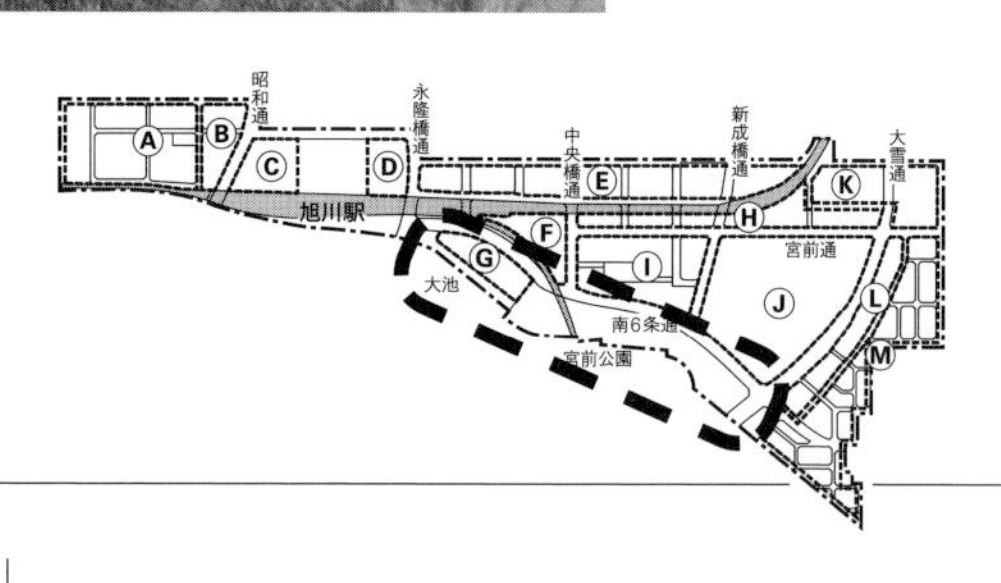

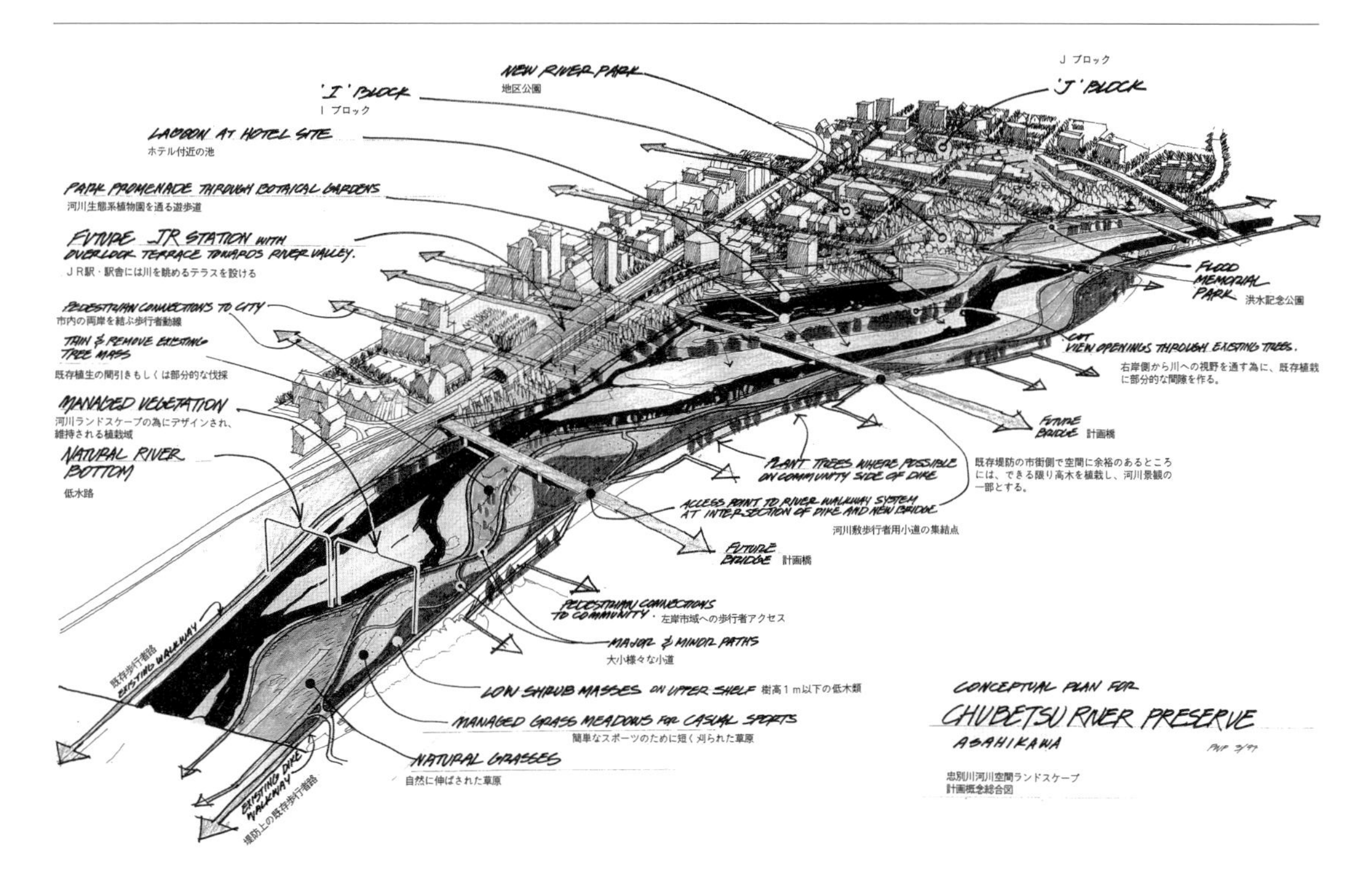

[図V-11]ビル・ジョンソンによる河川空間と宮前公園の計画概念図。次図に示されるその後の計画図、そして現地を確認していただくと分かるが、1997年3月とサインがあるこの図に忠実に事業は進められている

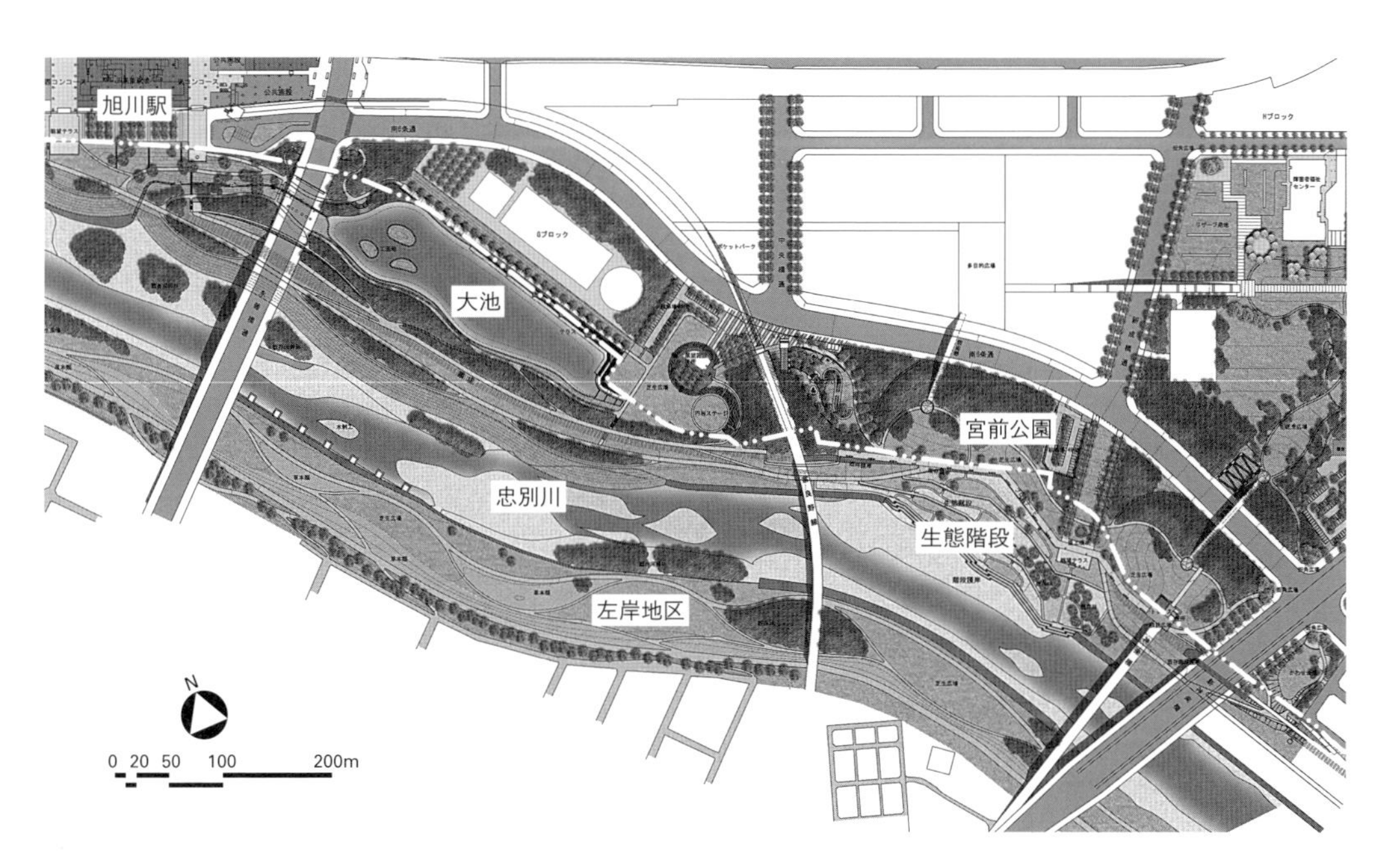

[図V-12]河川空間と宮前公園の計画図。「生態階段」と「大池」は、忠別川右岸に整備された河川内の施設であり、宮前公園は、生態階段と大池に隣接し都市側に配置された都市公園である。左岸地区は、約2kmに渡る連続した河川空間として整備された。なお、図中の二点鎖線は河川と公園の境界線である

ている［図Ⅴ-11］。

(1) 都市と川との連続性を高めること
(2) 川との多様な出会いを演出すること
(3) 人々が河川空間の体験を共有できること

河川空間のうち、忠別川を上流部からみて右手となる右岸地区には、「生態階段」と「大池」という特徴的な施設を配し、これらの一部を含む「宮前公園」が計画された。一方、対岸の左岸地区は、約2kmに渡る連続した河川空間として河川敷の再整備を行うこととした［図Ⅴ-12］。

生態階段

生態階段は、旭川周辺で見られる野生植物のうち、観賞価値の高い草花について、一定の群落を再現する一種の「花壇」である［図Ⅴ-13］。これまで大きな堤体で分断されていた市街地から河川空間への移行帯を複数のテラスに分節化して構成することにより、両者の一体化を促し、同時に、テラスの一段一段の高さ変化を歩行者の意識にはっきりと刻み込むことにより、都市から川へのアプローチをより印象的なものにすることを企図した［図Ⅴ-14］［図Ⅴ-15］［図Ⅴ-16］［図Ⅴ-17］。生態階段に使用される植物の選択と管理手法は、辻井達一元北海道大学教授の指導を受け検討を進めた。PWWJによる当初のマスタープランでは、洪水につかる頻度による土壌中の水分差で特定の植生を維持する案が提案されており、ビルのスケッチにも「洪水記念公園」との命名がみられるが、実際の洪水の頻度からして実現困難であるという結論に至った［図Ⅴ-18］。

そこで、各テラス上には、手入れの度合いを上段のテラスでは強く、川

生態階段の植栽計画

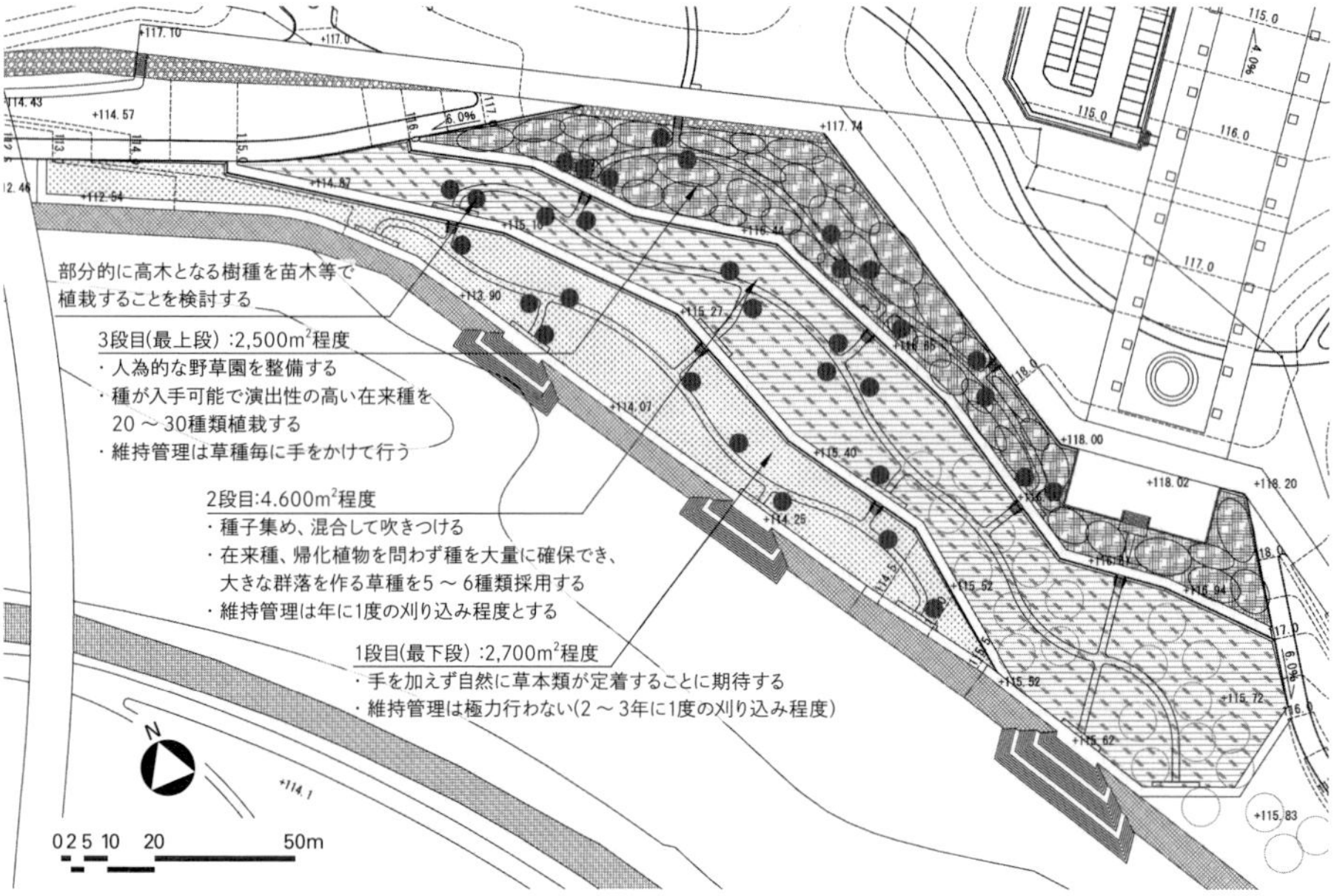

部分的に高木となる樹種を苗木等で植栽することを検討する

3段目(最上段)：2,500m²程度
・人為的な野草園を整備する
・種が入手可能で演出性の高い在来種を20～30種類植栽する
・維持管理は草種毎に手をかけて行う

2段目:4,600m²程度
・種子集め、混合して吹きつける
・在来種、帰化植物を問わず種を大量に確保でき、大きな群落を作る草種を5～6種類採用する
・維持管理は年に1度の刈り込み程度とする

1段目(最下段)：2,700m²程度
・手を加えず自然に草本類が定着することに期待する
・維持管理は極力行わない(2～3年に1度の刈り込み程度)

0 2 5 10 20 50m

［図Ⅴ-13］1段目(最下段)は、人の手を加えずに、整備前の忠別川の河原で見られた草花が自然に生えてくることを期待し、維持管理は極力行わない。2段目は、忠別川でみられる草本類の種子を集め、混合して吹きつけることとし、年に1回程度の刈り込みを想定。3段目(最上段)は、忠別川でみられる草本類のうち演出性が高い植物の種子を集め、圃場で苗を育成し、ポット植栽を行い人為的な野草園を整備し、維持管理も草種毎に手をかけて行う

[図V-14]生態階段は、これまで分断されていた市街地と河川空間の一体化を促すと同時に、テラスの一段一段の高さ変化により、都市から川へのアプローチをより印象的なものにすることを企図した

[図V-15]生態階段のテラス護岸は、北海道産の日高カンラン岩による自然石積みを採用。テラスは、川を眺める角度に微妙な変化をもたらすよう、ジグザグ形状に設定した。最も下段のテラスでは、親水性を高めるため、高さ2.5mの既存護岸を3段に分割し、各段に小段をつけた。その突出部には水制工としての役割を持たせ、河原の形成を積極的に促し、その河原に小段と階段を通って市民がアクセスし、河川と親しめるようにした

[図V-16]

[図V-17]

[図V-16][図V-17]生態階段の最下段部。ビル・ジョンソンのスケッチと現状。思い描かれた風景がそのままできあがっている。改めてこの人の鋭い空間感覚に驚く

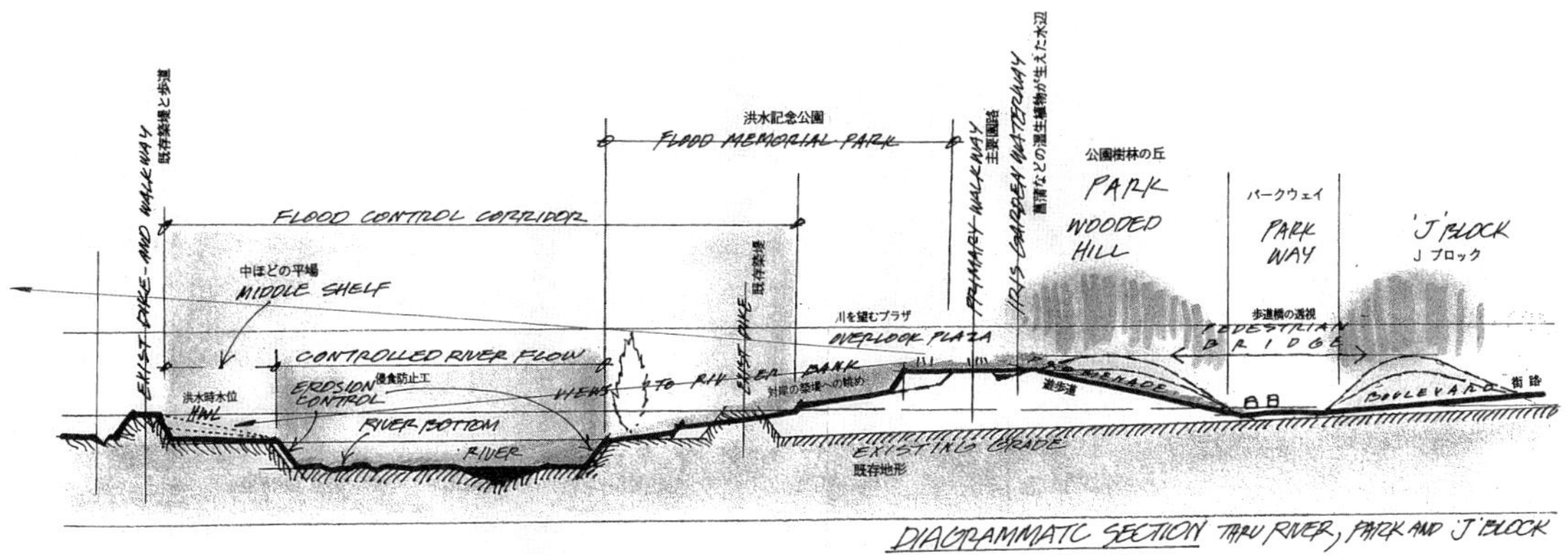

［図V-18］川から生態階段、公園、市街地へと続くビルによる断面イメージ

に近づくにつれて手入れの度合いを弱くすることにより、都市から川へと移行する様子を空間的に表現することとした。

この生態階段は、植物を鑑賞する単なる花壇としての役割だけではなく、郷土の草花について知識を深め、旭川市民の誇りを醸成する場にもなっている。また生態階段の植栽には、地元の専門家の協力の下、種集めの段階から多くの市民が関わり、植栽後の維持管理にも多くの市民が参加した。

大池

大池はかつて洪水対策として設けられた霞堤（かすみてい）を活用して大きな池を作ろうとするものである。霞堤とは、川が氾濫した時に堤防の切れ目から水を堤内地に導き、洪水時の遊水機能を持たせることで、堤防の決壊危険性を低減させるわが国の治水の伝統的な智恵である。

マスタープランでは、大池を川の自然と連続させることにより、多様性に富んだ生態系を形成し、市民の環境学習の場として利用するほか、大池に舟を浮かべ、コンサート等多様な都市的なアクティビティやレクリエーション活動を許容し、これらの活動を大胆に水面に近づけることなどが提案されていた［図V-19］。

実施設計にあたっては、市民を巻き込んだ様々な議論を経て、都市的な親水空間を確保しつつも、特に渡り鳥の生育・生息に適した環境とすることに配慮して生態学的な価値を高めること、防災面に配慮すること、歴史的な価値を持たせることについても配慮し、設計を進めた［図V-20］［図V-21］。

宮前公園

マスタープランでは、都市から川へ向かう二つの通り（新成橋通と中央橋通）の終着点を公園の内部まで貫入させ終着点にはストリートエンドパ

[図V-19]ビルがイメージした大池の空間。まちに接する河川空間でこのような情景が繰り広げられたら良いと彼は考えた

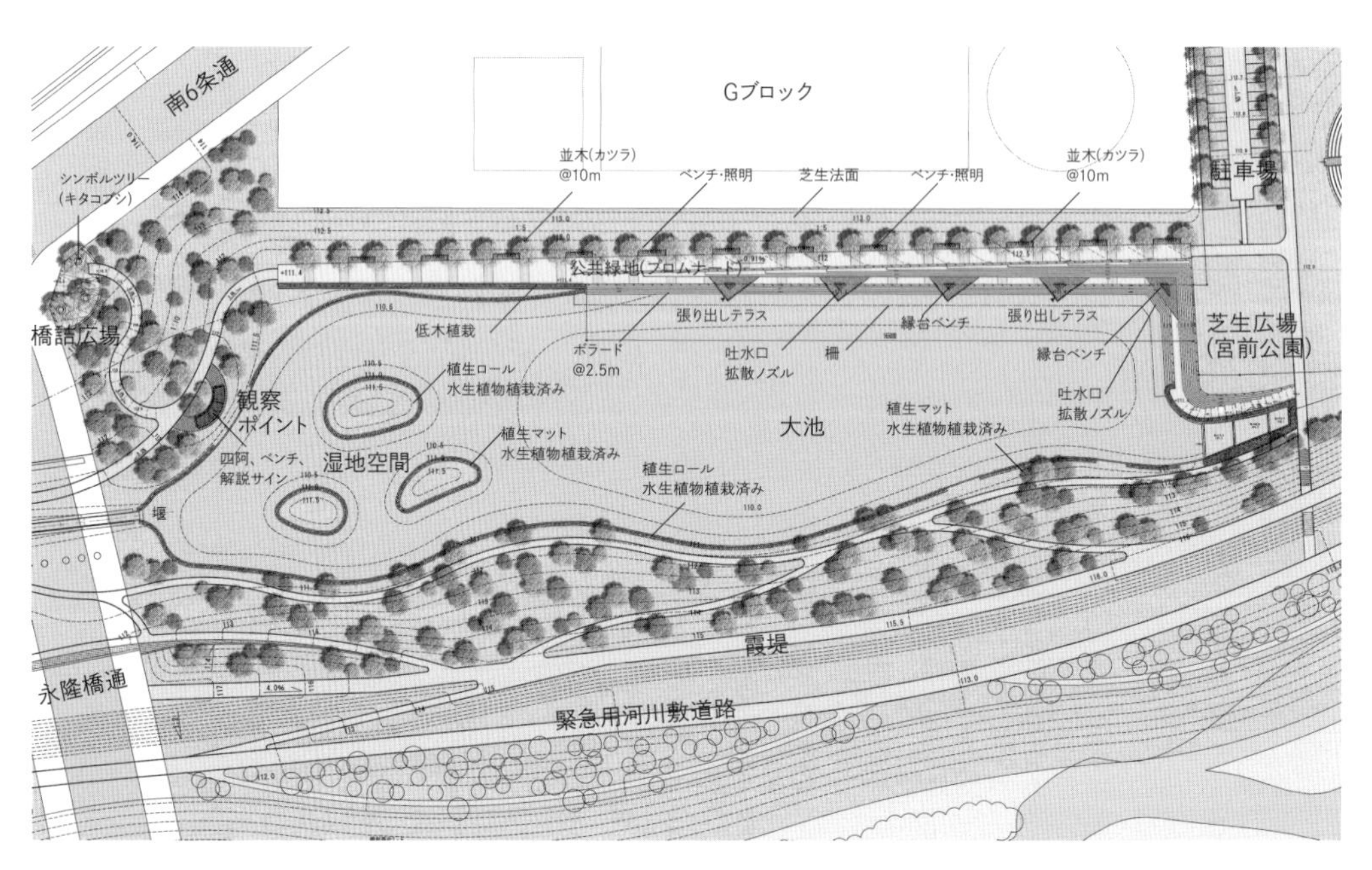

[図V-20]大池平面図。人が近づくことができない浮き島を造成し、渡り鳥が姿を隠して休めるように背の高い水生植物を植栽。大池の外周部にも水生植物を植栽し、人工湿地として整備。湿地空間が見渡せる場所には、四阿やベンチ、解説サインを整備し、渡り鳥の観察ポイントとする。隣接するプロムナードは緊急車両の通行が可能な通路として計画し、大池に大震火災時の防火用水としての位置付けを与えた

［図V-21］水をたたえる大池。大池と忠別川との間は、切れ目を設けた不連続な堤防である霞堤となっている。既に本来の霞堤の機能は不要だが、川側で既存の斜面を残すことで、少しでも歴史的な価値を持つ土木構造物の姿を継承することとした

ークを設けること、川と平行に新設される南6条通沿いから川側に向けて盛土を行い、都市側の地盤レベルと川のレベルとの間になだらかなスロープを設けるとともに、南6条通の両側を森林帯とすること、川を眺める角度や市街地から川に至るルートを多様化させること、が提案されていた。

このマスタープランの考え方を引き継ぎ、さらに空間の質を高めるため、2つのストリートエンドパークの端部に、アイストップとなる水景施設を配置した。また、南6条通両側の法面は、隣接する神楽岡公園に残る自然林の構成樹種を参考に、郷土種の中から樹種を選定した。

マスタープランで強調されていたのは、公園と河川空間の境界を感じさせないようにすることであった。これを実現するためには、公園を管理する旭川市のほか、忠別川を管理する国と調整が必要であった。例えば前述の新成橋通のストリートエンドパークは、市の公園を貫き、国が管理する河川空間に突き出す形となっている。さらにストリートエンドパークには公園の骨格となるプロムナードが横断し、そのプロムナードは河川を管理する緊急用河川敷道路としても位置付けられる。「まちづくり推進会議」において関係機関間で議論することで、デザインの価値観を共有し、それぞれの立場で実現化のためのアイデアを出しあうことで、境界を感じさせない河川空間は実現された［図V-22］。

左岸地区

忠別川の左岸地区は、市街地側から見ると河川の背景となる。マスタープランにおいては、この空間は川の流れの持つ曲線の効果を最大限に強調することが大切であると考えられ、既存堤防の緩傾斜化を図るとともに、ごく限られたデザイン要素、すなわち、造成、数種類の植物材料、および

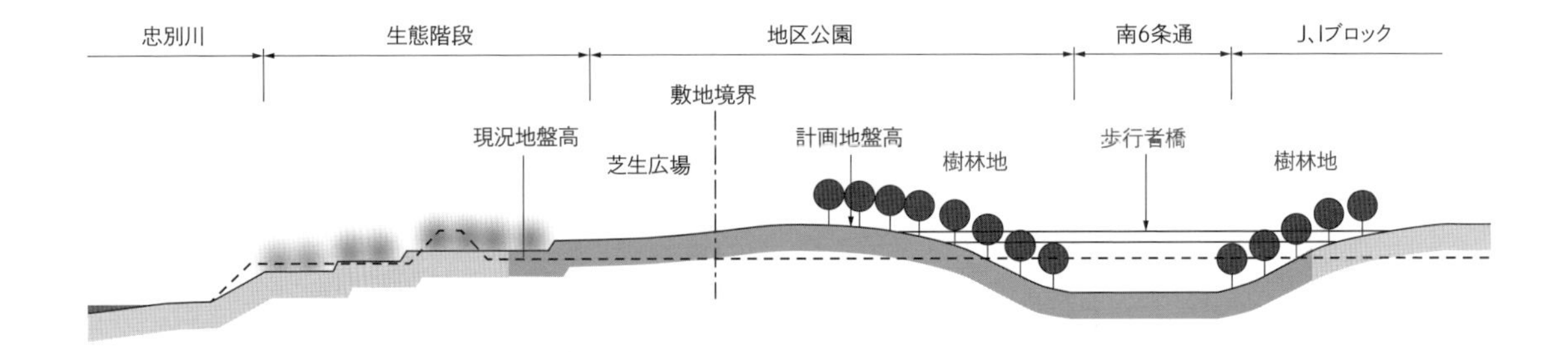

[図V-22]「都市と川との連続性を高める」ためになされた造成。左から忠別川、生態階段から芝生広場の途中までが河川の区域、その右側が公園、そして道路、宅地となり、これらを一体のものとして計画、造成した

[図V-23]左岸地区の風景。実際の設計にあたり、単調な一定勾配の広場とするのではなく、なだらかな勾配や起伏を持たせ、川に向かって2%前後の平坦な広場を確保した

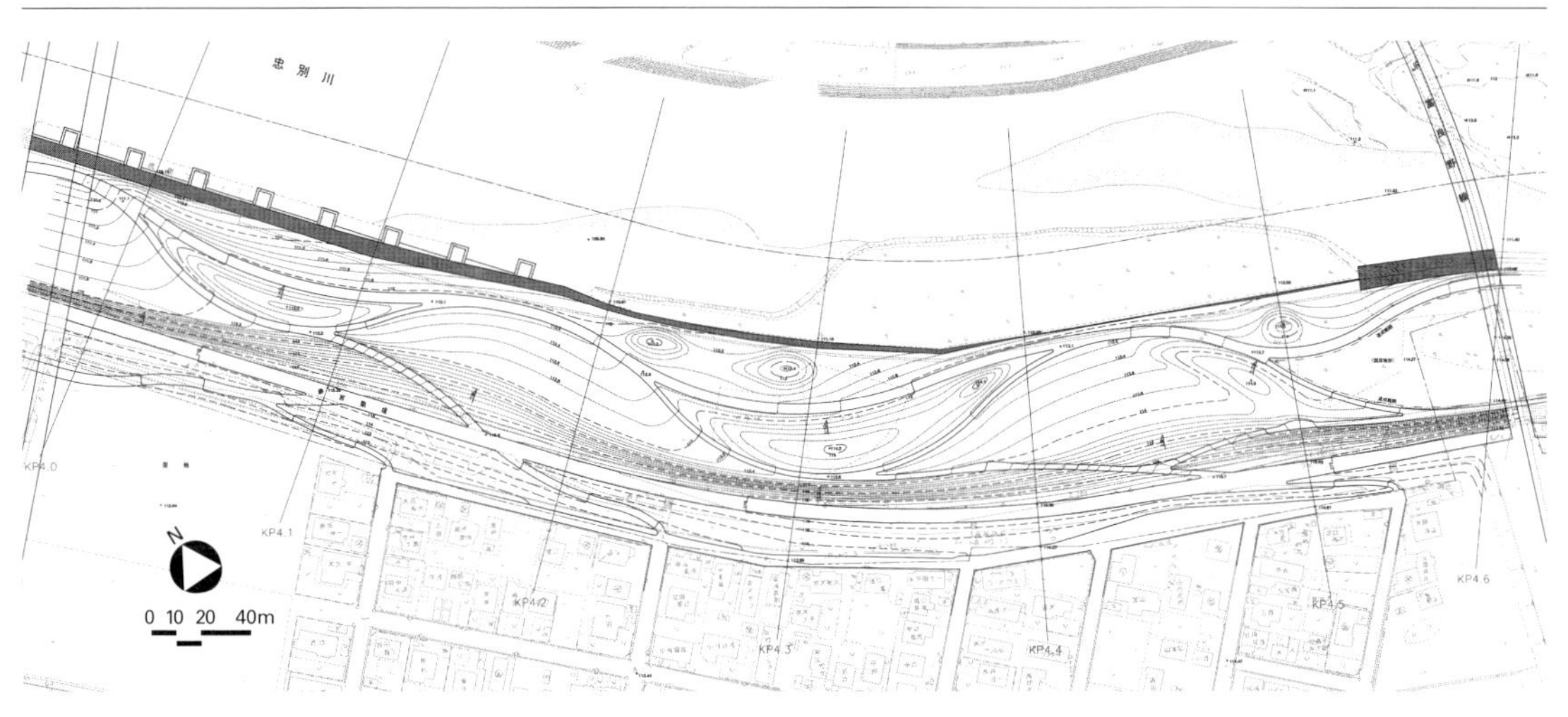

［図V-24］左岸地区造成平面図。繊細な造成を実現するためには、単一勾配の法面ではなく、コンター（等高線）による細やかな設計が必要であった。河川の持つ柔らかな流線形を高水敷に再現するため、左岸地区の全ての造成図を20cm間隔のコンターで表現した。しかし、このような造成図を実際に施工した経験のある建設会社も多くなかったため、何度も現場に赴き、デザインの説明を行い、施工の精度を確認することが必要であった

遊歩道等のみで整備することを提案した［図V-23］［図V-24］。

既存樹林については、可能な限り残すことを前提としつつも生態学的混播法を用いて、より自然度の高い樹林へ更新することとした。

［証言……11］

まちなかのオアシス「あさひかわ北彩都ガーデン」

高野文彰・村田周一（高野ランドスケープ）

北彩都あさひかわの整備が進み、駅舎のグランドオープンも近づいたころ、忠別川沿いに整備されてきた豊かな空間を、市民の憩いの場として、さらには旭川の観光資源として一層活かしていくために、北彩都ガーデンが地元発意で企画されました。大雪～富良野～十勝の地域に集中していたガーデンが既に多くの観光客をひきつけていたことも、背景にあったと思います。

北彩都ガーデンは、街の中心に位置し、駅と直結、河川空間と一体となった他に類を見ない特徴的なガーデンとなりました。［図V-25］ガーデンを「まちなかのオアシス」としてとらえ、市民がくつろぎ、外からの観光客に旭川らしさを感じさせるとともに、動植物にとってもくつろげる空間をつくり出す事としました。旭川駅南エリアにおいては、駅舎や広場が自然と対峙するのではなく、忠別川と一体的な空間となるよう広場デザインと調整し、やわらかいおおらかでシンプルな空間をつくり出しています。このエリアの草花植栽においては、忠別川流域に生育する自生種を一部用い、旭川の自然を美しく魅せ楽しめる空間としてあります。この他のエリアにおいては、市民が生活の中で楽しむ事ができるハーブを用いたガーデンや旭川の農業を伝えるベジタブルガーデン、水鳥が集う大池などそれぞれの場所においてダイ

［図V-25］あさひかわ北彩都ガーデンの一部として整備された駅南エリア

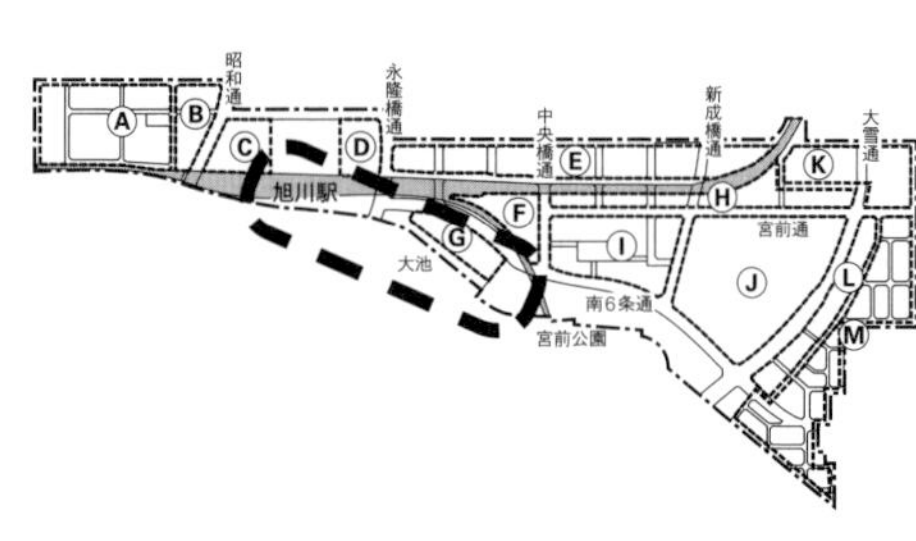

ナミックな空間変化をつくりだすよう空間構成にも配慮し、場所毎におけるアクティビティも多様なものとなる空間づくりを行なっています。

［証言……12］
煉瓦造建物の活用
大野仰一（北海道東海大学教授）

現在、旭川市民活動交流センターとして甦った煉瓦造建物は、明治時代から主に列車の修理工場として使用されていました。かつてこの建物の周辺には、小ぶりの煉瓦造建物はもとより、大きなトップライトのある鉄骨造の大型工場など鉄道管理の施設群が建ち、あたかも工場地帯のようでした。その中でも特に損傷の少ない2つの煉瓦造建物が保存活用されることとなり、歴史意匠的な側面からは北海道大学の建築研究室が、煉瓦の素材や耐震性能については旭川市内の建築設計事務所が担当して事前調査が行われました［図V-26］。

建物の安全性を持たせ再利用を図るよう、主要構造の屋根や外壁の扱いについてもさまざまな検討が行われ、屋根は木造のトラス構造で煉瓦壁に直接載っていたのですが、軒高まで鉄筋コンクリートのフレームを内部に新設し、その上に鉄骨造トラスの屋根を載せることとなりました。2棟の内、大型の煉瓦造建物は内部を多目的ホールとすることから、水平な天井面は作らずに屋根勾配なりに仕上げられ、鉄骨トラスが表しとなり、妻面に硝子がはめられて視覚的な広がりができています［図V-27］。小さな方の煉瓦造建物は、市民サークルの活動拠点として機能する為、軒の高さを変えずに2階建て部分を最大限確保するように断面を計画しました。大切にしたい既存の煉瓦壁は構

［図V-26］市民活動交流センターとして改修された2棟の煉瓦造建物。生まれ変わった北彩都あさひかわにおいて、地区の歴史を伝える貴重な資源である

［図V-27］多目的ホールとして再生された大型煉瓦造建物の内部。水平な天井面は作らず鉄骨トラスが表しとなり、妻面にガラスがはめられて視覚的な広がりができた

[図V-28]検討模型。増築部や外構についても多様な検討がなされた結果、各所に気持ちの良い小型の中庭状空間や通り抜け通路が設けられ、施設の内外にわたる連続性が確保された

造上の帳壁として扱い、自立と倒壊防止のために壁中に垂直に等間隔で竪穴を開けてコンクリートと鉄筋を挿入し、新設のコンクリートの梁と柱部分に緊結して外壁との一体性を確保しました。

それぞれの建物の狭間にも気持ちの良い小型の中庭状空間や通り抜け通路が設けられ、施設の内外にわたる連続性が確保されていると思います［図V-28］。

3 時代を生き抜く駅舎の形

内藤廣

街のシンボルとなる駅舎は、百年を越える長い時間を生き抜いていかねばならない。ファッションや人の好みは時代によって大きく変わっていく。そうした変化に左右されない普遍的な姿形が駅舎には求められる。構造的な美しさ、これは時代の好みに左右されない。地場産の木材がもたらす人との親和性、これも変わらないだろう。こうした要素を、分かりやすく丁寧に組み立てていった。大きな屋根の構成から人の手に触れる手摺りまで、20年近くにわたる設計作業は、建物が長い時間を生きていくためのながいながい助走だったような気がする。

不易流行

後から土木の分野に身を置いて知ったことだが、この事業全体の時間の長さは土木関係の事業では当たり前のことだ。ダム事業などでは30年かかることもある。これでも短い時間の部類に属する。しかし、ここに流れている時間は、根本的なところで現代社会のそれとは異なる。建築のデザインは、普通ならその時代の傾向を色濃く反映するものだが、15年先のこととなると見当もつかない。その時代の風潮に流されれば、15年先にはとうの昔に時代遅れになってしまっているだろう。

駅舎は街の中心であり、百年、可能なら数百年、街の移り変わりを受け止めていかねばならないはずだ。だから、その歳月を経ても変わらぬ価値を提示しなければならない。また、街の中心なのだから、駅舎は市民から愛されねばならない。だからその時代の空気にも通じていなければならない。今という時と遠い未来。プロジェクトに取り掛かるに当たって、この二つを架け渡す在り方を提示することを心に刻んだ。芭蕉が言った「不易流行」である。

この点で「海の博物館」で見出した方法がおおいに役に立った。モノの物理的な性質は変わることはない。建築を作り上げていくときのモノの組み立てを整理し、ディテールを練り上げていく。そうすると見えてくるものがある。そうやって、時代の流れに左右されないもっとも基本的な形式へと近づいていくことが出来る。

駅舎の提案

当初より条件として提示されていたのは、駅舎を全覆い型のトレインシェッドとすること、街の中心軸である買い物通りの軸線を伸ばし、自由通路を経て忠別川までつなげる。また、緑橋通の軸線をサブの軸として同様に川までつなげる。そのためには、駅舎全体が透明感を持ち、街と河川空間を積極的につなげる役割を担うことが求められた。高架事業そのものが、立体化することによる交通事情の改善はもとより市街地を忠別川および新たに生まれる川側の街区をつなげることを意図していたから、駅舎に対するこの前提は都市計画的な全体像に沿ったものだ[図V-29]。長期に渡る計

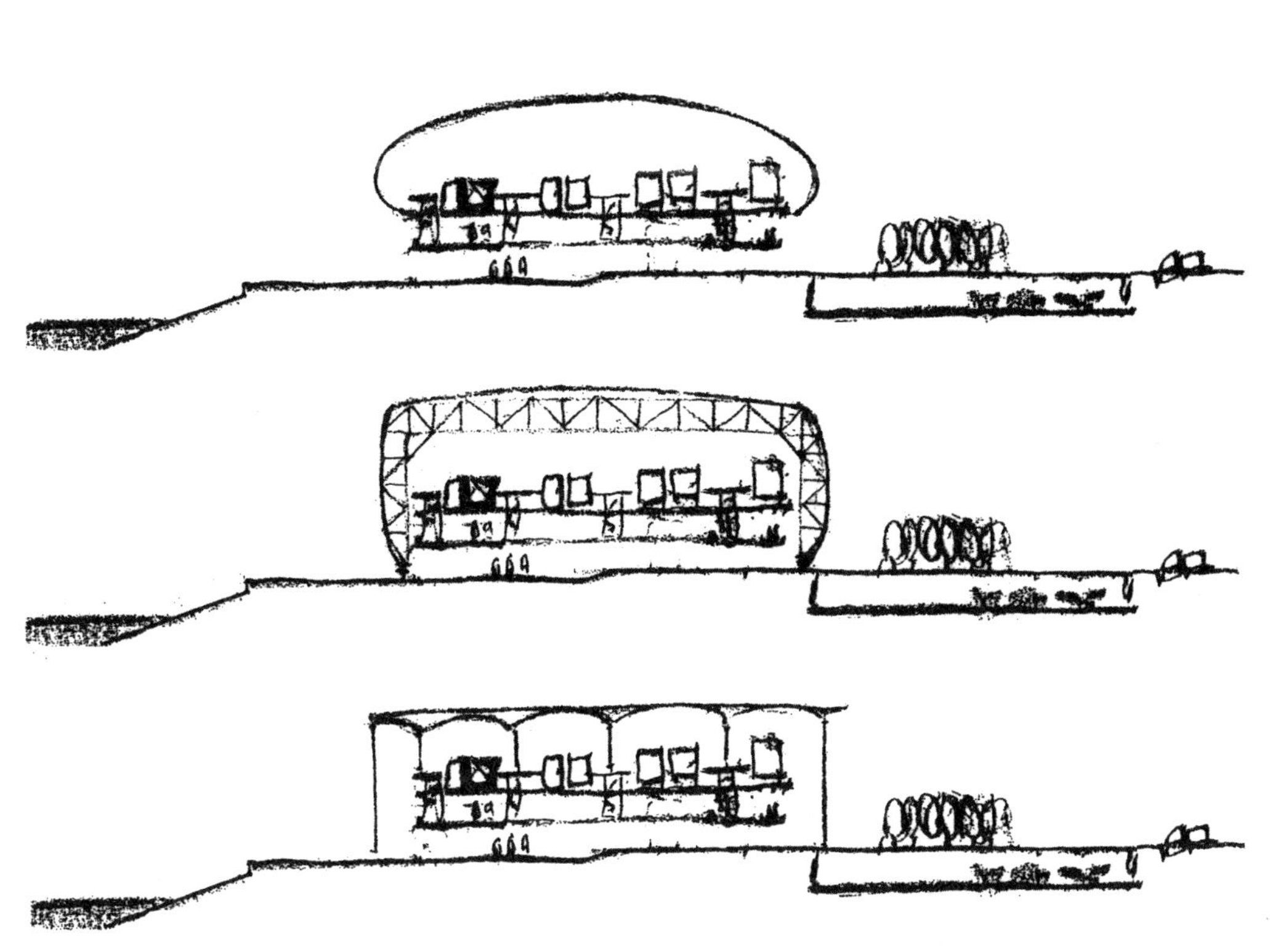

[図V-29]トレインシェッド検討スケッチ。駅舎を全覆い型のトレインシェッドとすることは当初からの条件であり、その構造形式についてスタディが重ねられた

画なので、もろもろの調整や対応は事務所の川村宣元が行った。建築を作る段になった後半から完成までは、細沼俊が対応した。ＪＲ北海道、旭川市、道庁など、さまざまな調整が延々と続く。途中、休眠状態のようなときもあった。普通の計画とは違う。あまり近い所での対応に追われると、大切なことを見落としてしまう。局地戦と大きな戦略は区別しなければならない。いつも接近戦ばかりをやっていては大極を見失う。少し遠目で見ながら肝心な所を押さえるという臨み方を意識的に取ることにした。

大架構案と樹林案

四つのプラットフォームと七つの線路、これを処理するために必要とされる巾がおおよそ60ｍ、プラットフォームの長さが１８０ｍ、これを覆わねばならない。巨大な構造物になるので鉄骨で作ることになる。これだけの大きな構造物を扱える構造の専門家は、そう多くはいない。とても重要な建物だから、建築構造の分野の権威である川口衞教授にお願いすることにした。当初は、高架構造物の両脇１ｍに設定された区画整理の計画線の中で、列車振動などが予想される高架部分とは縁を切って、地面から立ち上がる構造体を考えた。川口先生の最初のアイデアは驚くべきもので、許された１ｍの巾を巧みにかわして大きな梁を掛け、１８０ｍの長手方向を三分割し、その大きな梁どうしを60ｍ×60ｍの下凸のシェルで架け渡すというものだった。川口先生はすでに60ｍ×60ｍの下凸のシェルの新しい構造形式を他の街の体育館で実現している。うねるような大梁の形状が特徴的であり、なおかつ構造的にも合理性があり、シェルも理にかなっていた。自然についたあだ名が「大架構案」［図Ⅴ-30］［図Ⅴ-31］［図Ⅴ-32］。この案があまりに大胆な提案だったのと、一案だけでは審議のしようがない、ということでもう一案提示することが求められた。議論するならまったく異なる方向の案が好ましいと考えたので、ホーム上に細かく柱を落とし、それが樹木のように上に向かって開いていって大きな屋根を細かな支点で支えるという案を川口さんとともに作った。樹木のような柱がたくさん出てくるので、こちらは「樹林案」とあだ名がついた［図Ⅴ-33］［図Ⅴ-34］［図Ⅴ-35］。どちらも一長一短あり、街の顔を決める大方針を巡って審議が重ねられた。最終的に大架構案のコストへの不安が払拭できず、樹林案の方向で進めることになった。しかし、大架構案のダイナミックな印象を活かせないかとの注文もあり、屋根を鉄骨の立体トラスで固めて剛性板を作り、それをスパンを飛ばして少ない数の樹木のような柱で支えることにした。でき上がった構造体は、両案の良いところが活かされていると思う。樹木状の柱は「四叉柱」と呼ばれ、この駅舎の大きな特徴となっている［図Ⅴ-36］。難しかったのは、駅舎の架構が地震で揺すられたとき、高架部の構造体に可能な限り曲げ応力を生じさせないように、柱の足元を点で支えるピン構造にしなければならなかったことである。２５００ｔの屋根の構造体を二十本の点で支える。単純に計算しても、ひとつの足元で１２５ｔもの荷重を支えることになる。この難しい問題を可能にしたのは鋳物の技術である。柱の足元には直径１ｍほどの大きなボールを半分切ったような鋳物が使われている。大屋根の荷重を適切に高架構造物に伝え、地震時にはこの部分が動いて高架側の構造体の動きと齟齬を起こさないように設計されている。巨大な構造物を点で支えるこのアイデアは川口先生ならではのものだ。さすがに、技術の粋を尽くしたこの部分は、隠してしまうにはもったいない。プラットフォームの柱の足元を一部ガラス張りにして、覗き込めば見えるようにしてある［図Ⅴ-37］［図Ⅴ-38］［図Ⅴ-39］。

［図V-30］

［図V-31］大架構案(CG)

［図V-30］［図V-31］［図V-32］大架構案。高架部分とは縁を切って、地面から立ち上がる構造体として、最初に考えられたのは、許された1mの巾を巧みにかわして大きな梁を掛け、180mの長手方向を三分割し、その大きな梁どうしを60m×60mの下凸のシェルで架け渡すというものだった

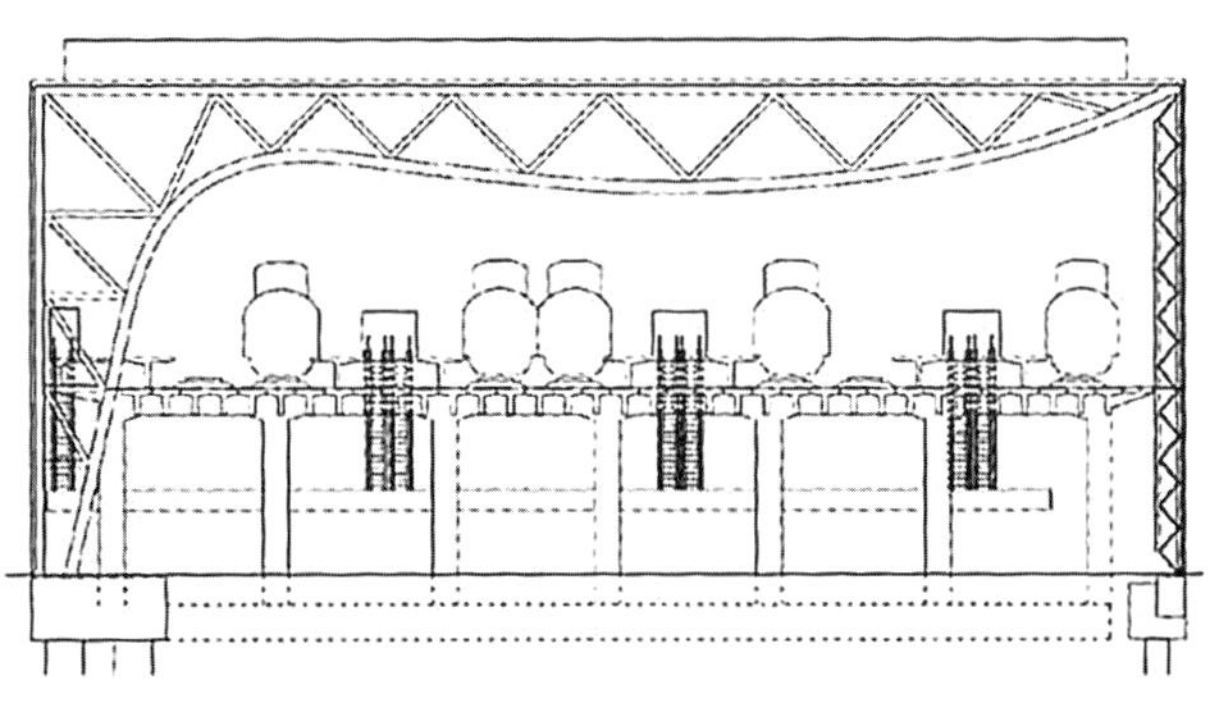

［図V-32］大架構案(断面)

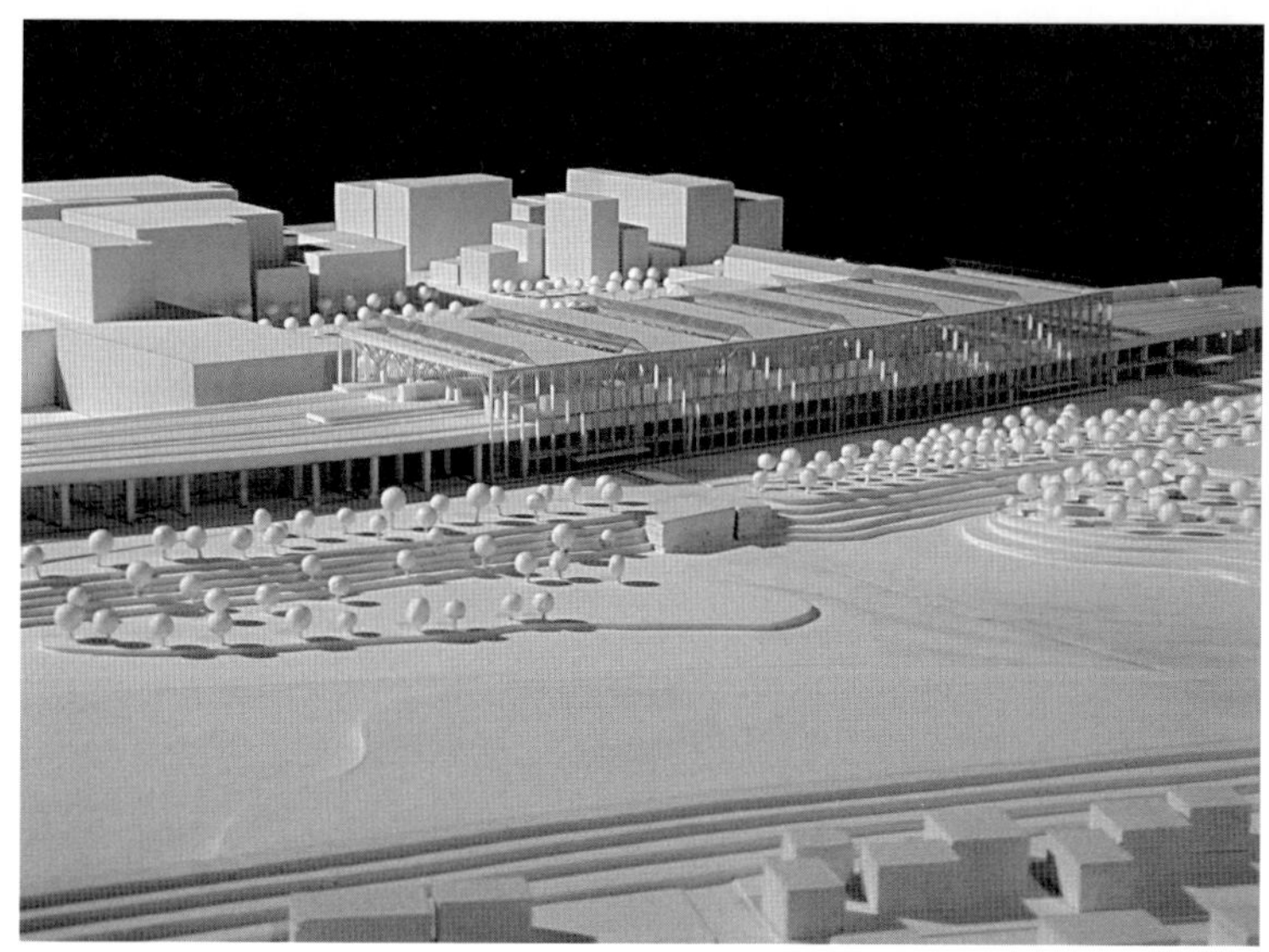

［図V-33］

［図V-34］樹林案（CG）

［図V-33］［図V-34］［図V-35］樹林案。大架構案の対案として、全く違う考えで作ったのが、ホーム上に細かく柱を落とし、それが樹木のように上に向かって開いていって大きな屋根を細かな支点で支えるという案である

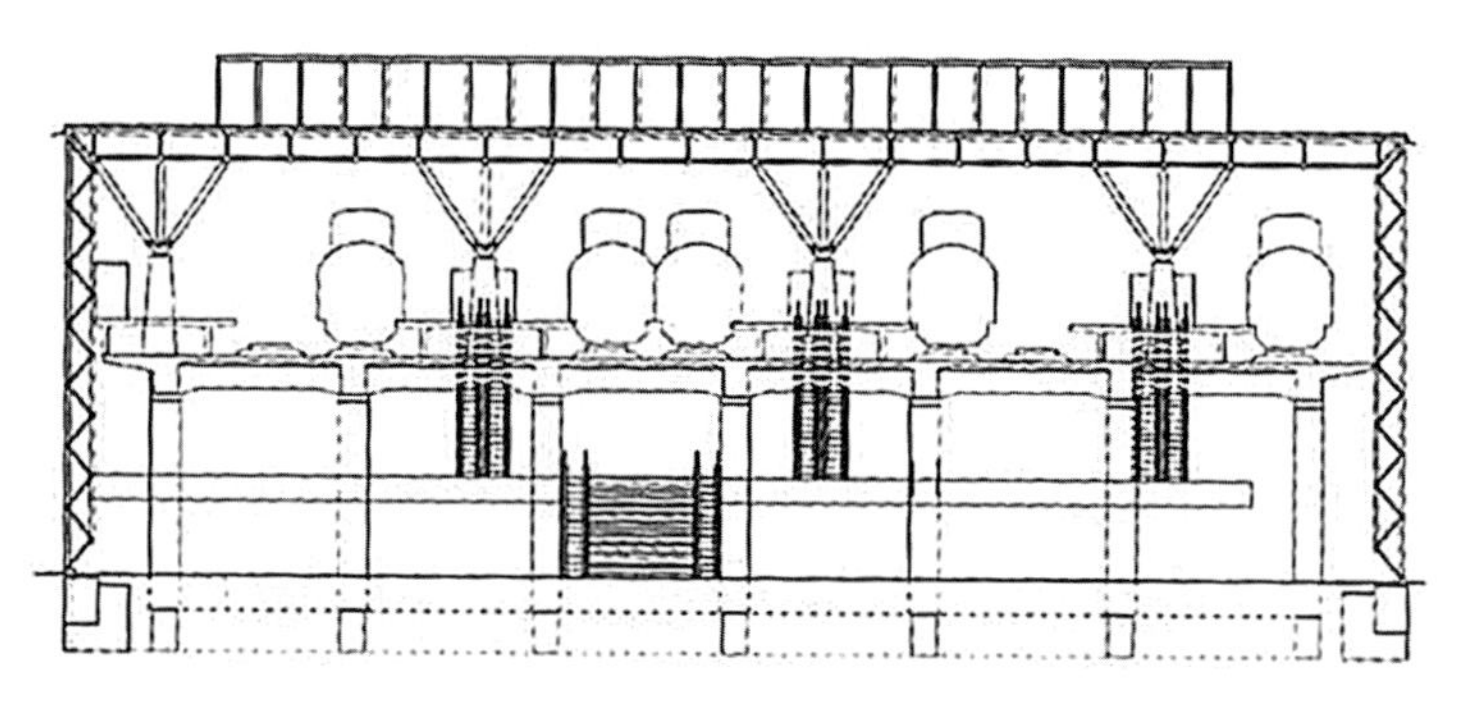

［図V-35］樹林案（断面）

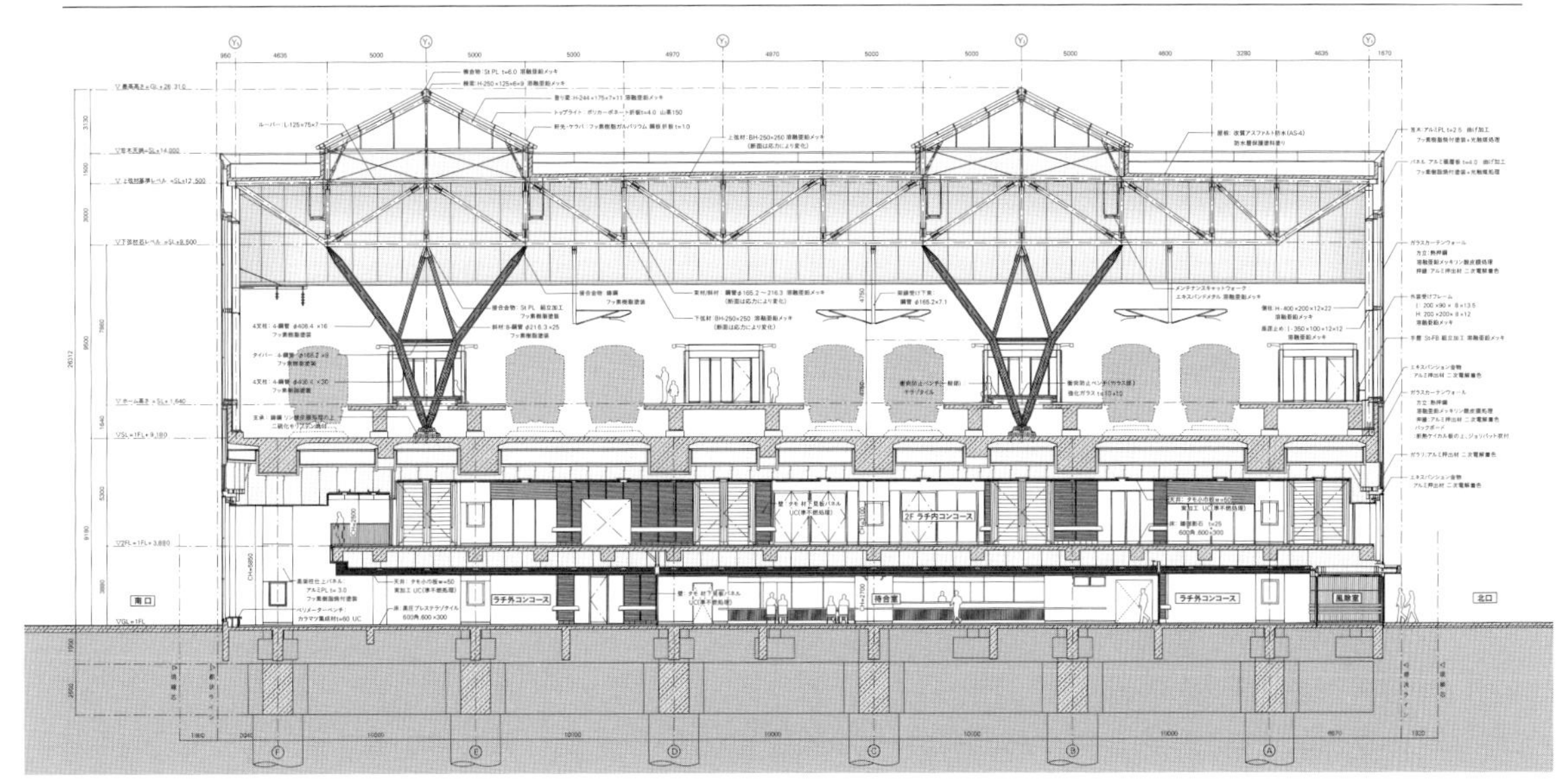

1/500

[図V-36]実施案(断面図)。最終的には、樹林案に方向が定められたが、大架構案のダイナミックな印象を活かすべく、屋根を鉄骨の立体トラスで固めて剛性板を作り、それを、スパンを飛ばして少ない数の樹木のような柱(四叉柱)で支える案を採用した。この駅舎の大きな特徴となっている

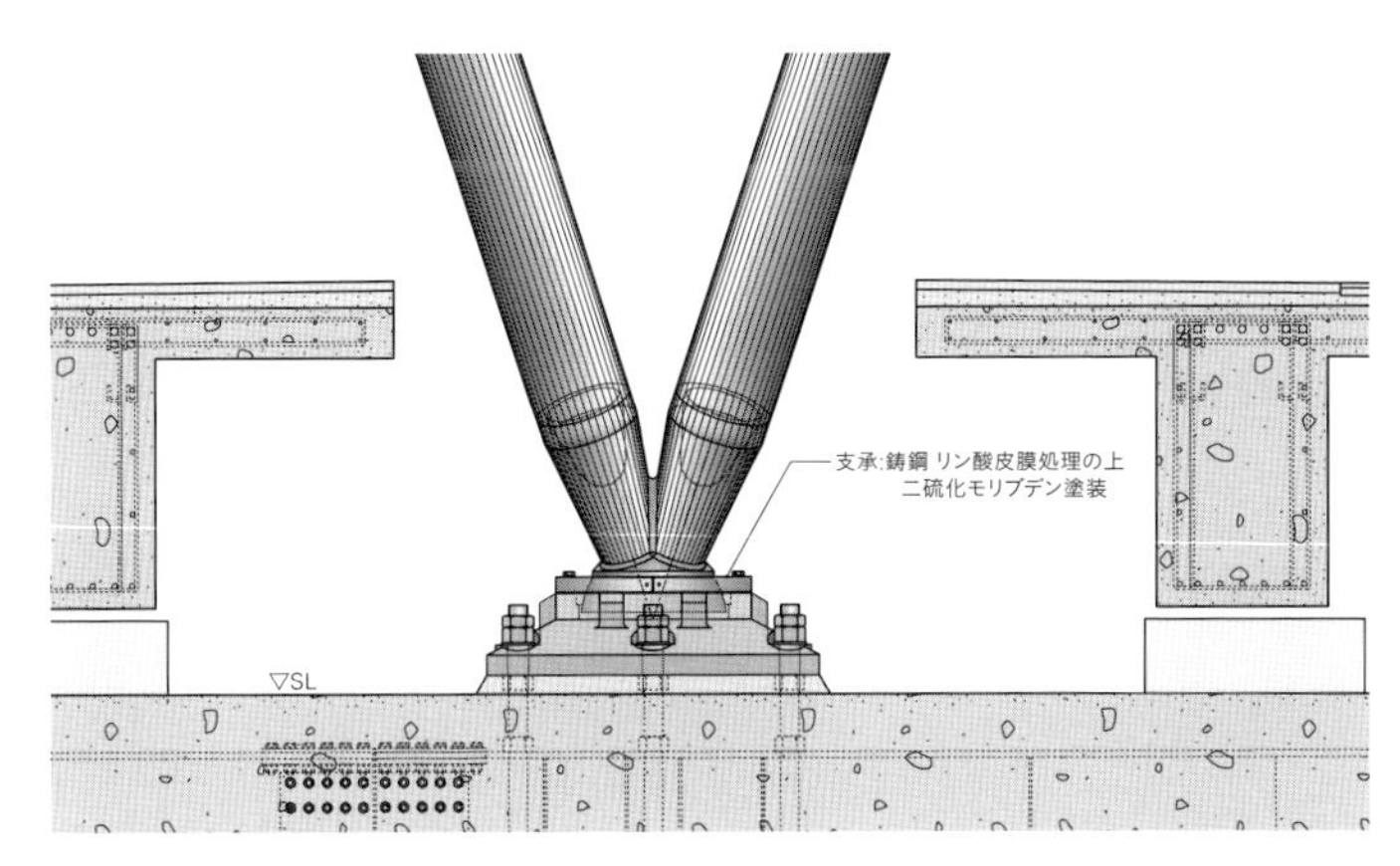

The support structure 1/60

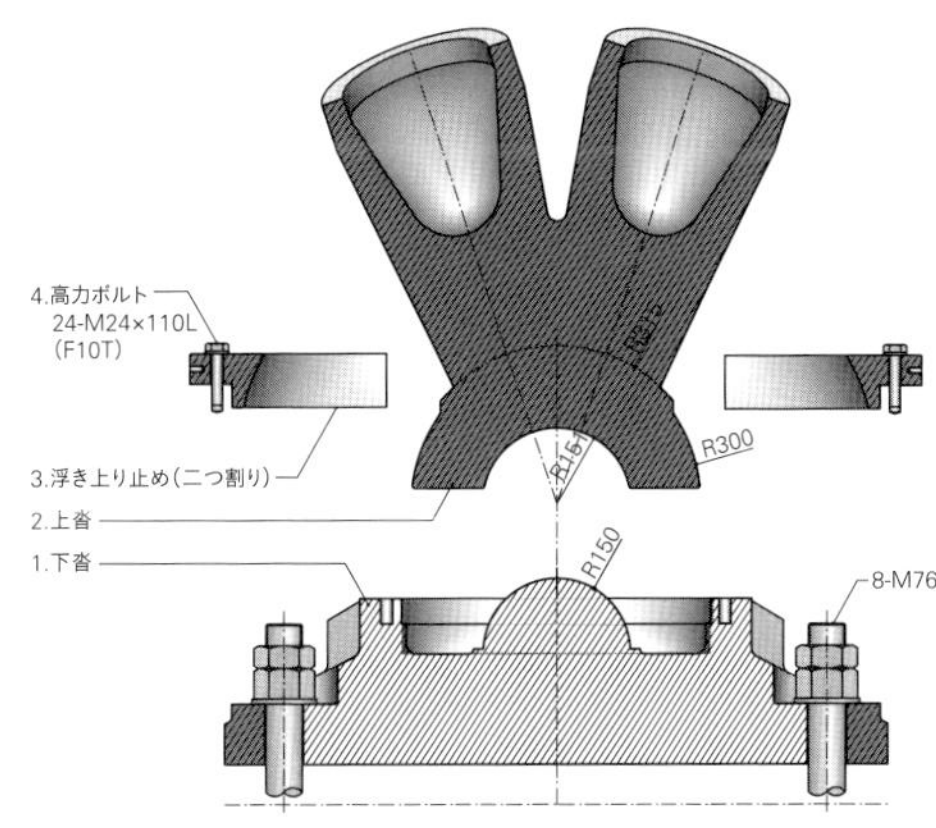

Detailed section 1/30

[図V-37]

[図V-37][図V-38][図V-39]四叉柱の支承部。地震時に高架部の構造体に可能な限り曲げ応力を生じさせないように、柱の足元を点で支えるピン構造にしなければならなかった。ひとつの足元で125tもの荷重を支えるため、柱の足元には直径1mほどの大きなボールを半分切ったような鋳物が使われている。技術の粋を尽くしたこの部分は、隠してしまうにはもったいない。プラットフォームの柱の足元を一部ガラス張りにして、覗き込めば見えるようにしてある

[図V-38]

[図V-39]　（撮影:吉田誠／日経アーキテクチュア）

高架部の変更

駅舎設計のプロセスで、大きな変局点は、高架下の空間をそのまま一層で使うのか、中二階を設けて二層使いにするのかだった。中二階の床をPC化して梁背を稼ぐなど、建築的な対応を検討したが、それまで土木部隊で進められていた高架の梁下の高さでは、どうしてもわずかに足りない。二層使いにするなら使い勝手は格段に良くなるが、線路レベルを50cmほど上げなければならなくなる。線路は厳密な勾配の設計を重ねているから、この変更は大事件だった。さらに、プラットフォームの位置のセンターが駅前広場の中心線から10mほどズレていることが分かった。このままでは、巨大な駅前広場に面して、駅舎が奇妙な位置に居座ってしまう。どうせならそれも広場に正対するように調整しようということになった。どちらも街にとってはとても重要なことだが、JR北海道の作業部隊にとってもたいへんな苦痛を伴う大きな変更だ。この調整に一年掛かった［図V-40］［図V-41］［図V-42］。百年の計の判断、これを仕切ったのも篠原さんをはじめとする検討委員会である。今から思えば、たいへんなことをやったものだ。しかし、やるべきことでもあった。しかし、でき上がってしまえば、市民はそんなことなど露知らずそれを当たり前のものとして受け入れるのだろう。本当は、当たり前のような佇まいであることが、多くの人の血の出るような努力の成果であることを、大声を出して叫びたい気持ちだ。

立ち上がる板壁

鉄骨とガラスの多用は、機能面から決まってきたことだ。川への抜けを主たるテーマにした以上、駅舎全体はガラス張りのファサードになる。しかし、それだけではいかにも無機的で冷たい。冬が長い旭川では、これにイメージとして暖かさをもたらさねばならない。幸い、高架部をおおきな

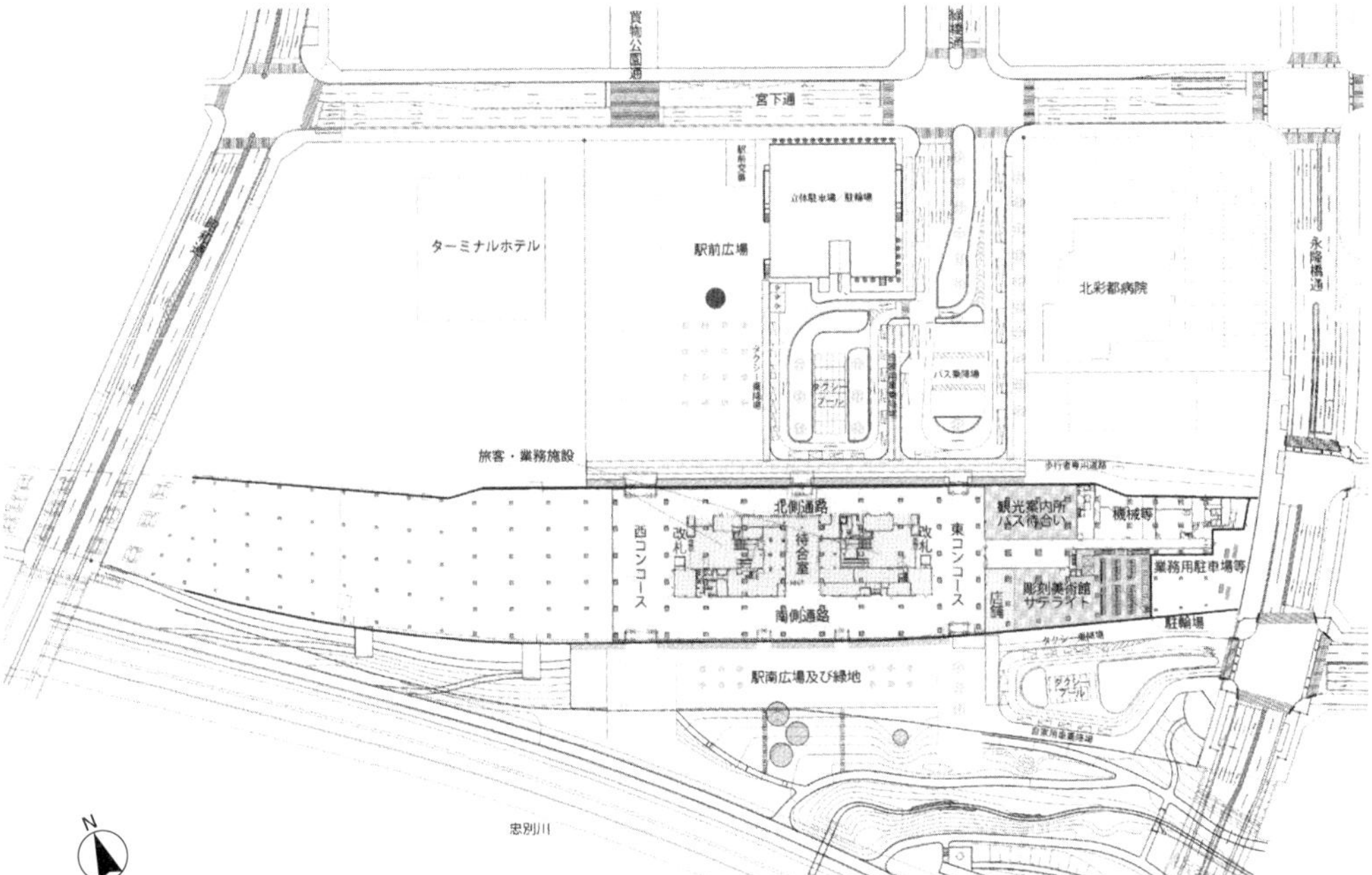

［図V-40］南北の駅前広場と駅舎。プラットフォームの位置のセンターと駅前広場の中心線のズレを解消し、駅前広場と駅舎が正対するよう、大変な労力をかけて調整が図られた

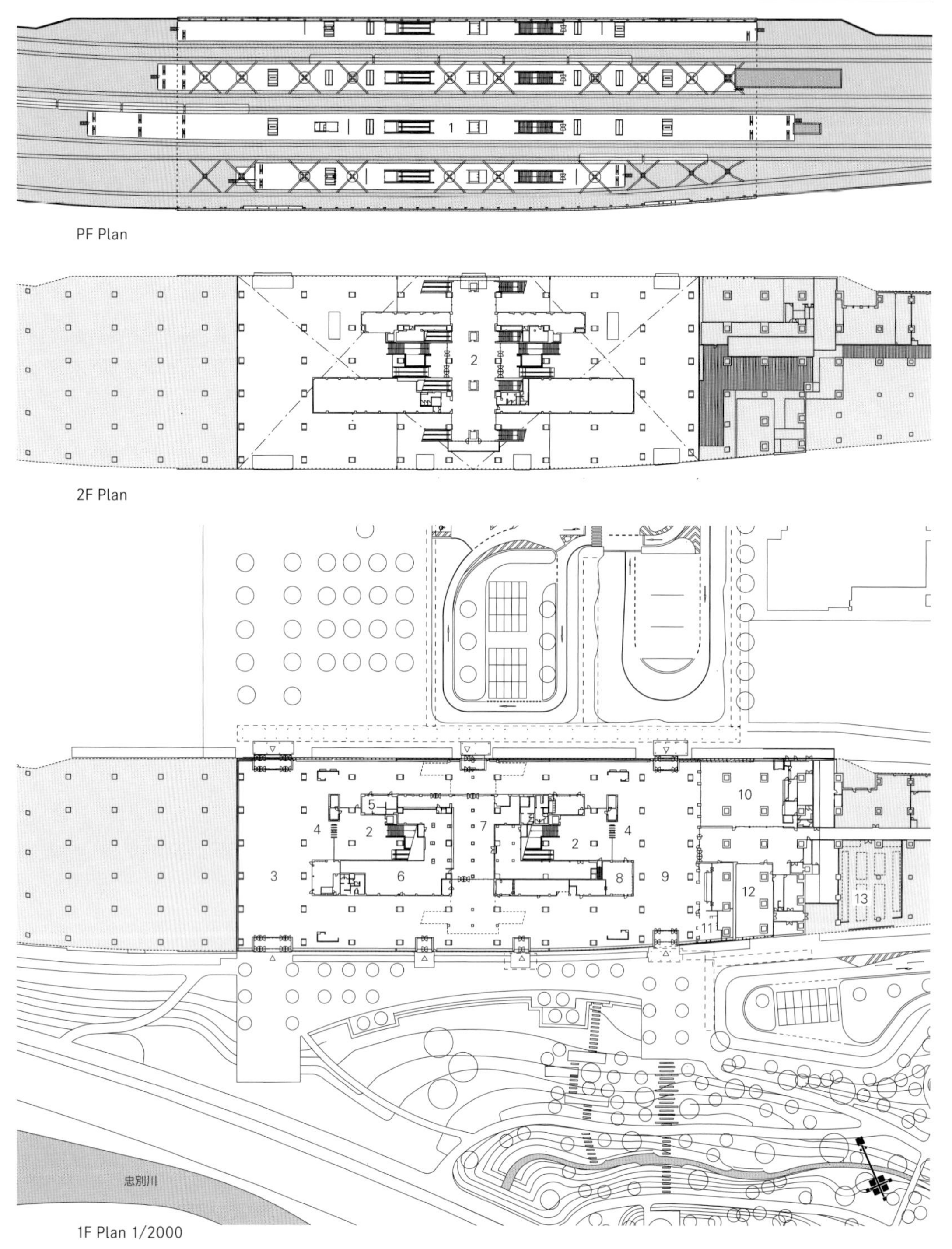

[図V-41]

[図V-41][図V-42]駅舎平面図と断面図。高架下は当初一層とすることが想定されていたが、中二階を設けて二層使いにすれば使い勝手は格段に良くなる。中二階の床をPC化して梁背を稼ぐなど、建築的な対応を検討したが、それまで土木部隊で進められていた高架の梁下の高さではどうしてもわずかに足りず、線路レベルを50cmほど上げなければならなくなる。線路は厳密な勾配の設計を重ねているから、この変更は大事件だった

1 プラットホーム
2 コンコース
3 西コンコース
4 改札口
5 カフェ
6 駅務室
7 待合室
8 レストラン
9 東コンコース
10 観光案内所
11 ショップ
12 彫刻美術館サテライト
13 駐輪場

シェルターで単純に覆ったので、中央にコアとなる機能を集めることができた。また、街から川に抜ける二つの自由通路同士をつなげるべきだという要望から、街と川の双方に巾の広いコンコースを取ることになっていた。従って、鉄道施設がコンパクトな固まりとして中央部にコア状にまとまる平面計画になっていた。

このコアを木で覆えば、ガラスの向こう側に木の壁が街から見えるようになる。夜はこの壁をライトアップし、駅前広場に印象的な板壁の風景を創り出すことになる。北海道産のタモ材を小幅で使い、木の厚みを見せるように少し傾けて張ることにした［図Ⅴ-43］［図Ⅴ-44］。

設計の最終盤になって、この板張りにもう一手加えることにした。札幌と旭川の間にある岩見沢の駅が完成し、それを見たからである。実はこの駅は、どうせ作るのなら全国から案を募る設計競技にしてはどうか、とJR北海道に提案していた。他のJRがやっていないことにJR北海道は積極的に取り組むべきだと思っていた。そういう経緯から、わたしが審査委員長を務めることになった。優れた案が多数集まったが、若手の西村浩さんが最優秀となった。それが完成間近になったので見に行ったのだが、なんと一階の駅前広場に面した煉瓦の壁に無数の人の名前が掘ってある。煉瓦プロジェクトと称して企画を立ち上げ、実現したのだと言う。素晴らしい試みだと思った。元来、鉄道駅は市民との距離がある。それを一挙に近いものにする試みだ。

鉄道と市民にとって良いことは取り入れるべきだ。西村さんにことわったうえで、旭川でも同じ試みをすることにした。大矢さんが委員長として指揮を執り、板壁に名前を刻むプロジェクトが立ち上がった。短い期間のうちに10，000人の応募が一杯になった。岩見沢に続いて旭川。名前を刻むこの企画はJR北海道の個性のひとつになりつつある［図Ⅴ-45］。

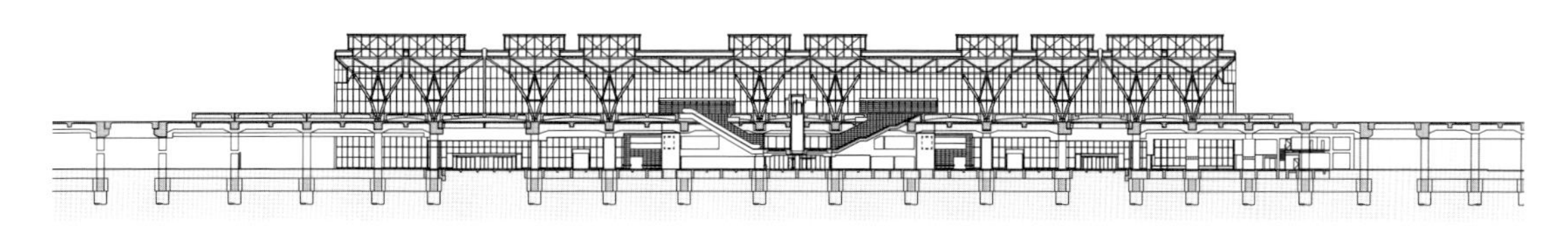

［図Ⅴ-42］

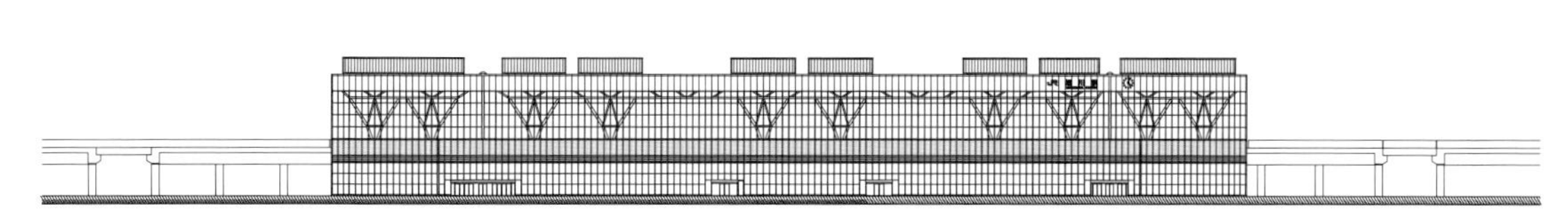

立面図S=1/2000

［図Ⅴ-43］

［図Ⅴ-43］［図Ⅴ-44］［図Ⅴ-45］立面図と北海道産タモ材をふんだんに使用した内壁。駅舎全体はガラス張りのファサードになる。しかし、それだけではいかにも無機的で冷たい。冬が長い旭川では、これにイメージとして暖かさをもたらさねばならない。中央に固めた駅舎のコアを木で覆えば、ガラスの向こう側に木の壁が街から見えるようになる。夜はこの壁をライトアップし、駅前広場に印象的な板壁の風景を創り出すことになる

［図V-44］

［図V-45］ 名前が刻印された道産タモ材の内壁
(撮影:吉田誠／日経アーキテクチュア)

白い四叉柱

　プラットフォームの空間が終盤に差し掛かって、四叉柱の色を決めることになった。これにはずいぶん迷った。鉄道施設はともかく汚れやすい。ずいぶん改善されたとはいえ、車両のブレーキ粉が舞散る。さらにこの駅にはディーゼル車両も入ってくる。その煙による汚れも付くだろう。メンテナンスのことを考えれば、彩度の低い地味な色の方がいいに決まっている。しかし一方で、どうしても暗い印象の駅にはしたくない。すでに15年近く旭川に通ってきていて、街に元気がなくなっていく様を体感してきたからだ。駅舎の建物は街を励ますような建物であってほしい。暗いプラットフォームにはしたくない。迷った末に、四叉柱に白い色を塗ることにした。白と言っても空間の中で白く見えるだけで、実際はかなりグレーに近い色なのだが、いくつもサンプルを作ってもらって決めた。

　行くたびに柱が気になって見ているが、たしかに予想した通り埃をうっすらとかぶっているが、ホーム上に立つと外からの光とのコントラストでそれほど気にならない。また、買物公園から駅舎を見るとやはり白い柱にして良かったと思う。ホーム階の薄暗い空間に、大きな屋根を支える白い四叉柱が浮き上がって見える。大きな屋根をたくさんの小さな柱が支え、それが下に行くに従って次第に束になって集まっていく。まるで街造りみたいだと思った[図V-46]。

涙の最終列車

　忘れられない風景がある。2010（平成22）年10月、駅舎が完成し現行線を高架に切り替える一次開業が行われた。まだ広場の工事を残してはいるが、鉄道事業者としては一大イベントであり、この事業全体の大きな区切りとなる。その前の夜、現行線から最期の列車が出るのを見送りに行

[図V-46]駅舎のシンボルとなった白い四叉柱。四叉柱はメンテナンスのことを考えれば、彩度の低い地味な色の方がいいに決まっている。しかし一方で、どうしても暗い印象の駅にはしたくない。迷った末に、四叉柱に白い色を塗ることにした。ホーム階の薄暗い空間に、大きな屋根を支える白い四叉柱が浮き上がって見える

（撮影：吉田誠／日経アーキテクチュア）

ったときのことだ。長い間さまざまな街の人の思い出を育んできた風景が変わる。たくさんの人が集まってきた。篠原さんも加藤さんも、委員会に参加した役所の人たちやＪＲ関係者も、ホームに集まる群衆の中にいた。暗闇に去って行く列車に向けてみんなで感謝の気持ちを込めて手を振る。列車を見送る時、篠原さんと加藤さんと記念写真を撮った。長かった日々である。いつもダンディで冷静な加藤さんの嬉しそうな顔が忘れられない。暗くてよく見えなかったが、目には熱い涙があったのではないか。涙の最終列車である。この時ばかりは演歌がよく似合う風景だった［図Ｖ-47］。

20年近い歳月はやはり長い。今はその加藤さんもいない。せめて駅前広場ができて、加藤さんが望んだ街と川がつながり合った全てが完成の姿を見てほしかった。そして、ＪＲ北海道の建築の担当者だった倉谷さんも、駅一階の諸施設がオープンした二次開業を見ることなしに突然体調を崩して亡くなった。彼は岩見沢の設計競技の仕掛け人であり、あの駅舎を完成度の高い素晴らしいものに仕立てたのも彼の功績である。つねに建築の役割を理解し、街とともに生きる駅舎を願っていた。

駅舎の傍らを流れる忠別川の美しい風景、まっすぐに伸びる買物公園の人のにぎわい、それらを繋ぐ大きな駅ができた。ガラス越しに見える大きな木の壁を基調とした内部空間、全国的にも類を見ないまったく新しい駅の空間である［図Ｖ-48］［図Ｖ-49］。手前味噌になるが、これだけ規模が大きな駅で、ここまでの建築的な空間密度を持った駅舎は、世界的にみても例がないと思う。鉄道という新しい交通手段に未来を託した時代の駅舎、ロンドンのセントパンクラス駅以来の空間ではないかと思っている。こちらは、街とともに歩む21世紀の新しい駅舎の姿である。この成果は、ＪＲ北海道の人たち、行政の人たち、建設にかかわった現場の人たち、温かく見守ってくれた声なき街の人たち、そうした多くの協力者の無償の努力に

［**図Ｖ-47**］旧旭川駅で最終列車を見送る。2010（平成22）年10月、駅舎が完成し現行線を高架に切り替える前の夜、現行線から最期の列車が出るのを見送りに行った。長い間さまざまな街の人の思い出を育んできた風景が変わる。たくさんの人が集まってきた。列車を見送る時、篠原さんと加藤さんと記念写真を撮った。いつもダンディで冷静な加藤さん（右から2番目）の嬉しそうな顔が忘れられない

［**図V-48**］忠別川から連続するガーデンのなかに浮かび上がる旭川駅舎

［**図V-49**］平和通買物公園からつながる西コンコースを抜けると目の前に忠別川への展望が開ける（右手）。その前には市民の募金により安田侃氏の彫刻「天秘」が設置された

よって成し遂げられた。彼らは、街とともにある駅舎の新しい姿を理解し、夢見、協力を惜しまなかった。この駅舎が街の歴史とともに歩んでいくことを願いながら、彼らとともに、そして完成を見ることなしにこの世を去った加藤さんと倉谷さんとともに、この駅舎の完成の喜びを分かち合いたいと思っている。

[証言……13]

名前を刻むプロジェクト

大矢二郎（北海道東海大学）

駅に旭川らしさを

新しい旭川駅には地域が誇りにできる「旭川らしさ」がほしい。多くの市民がそう思っていました。プラットフォームを覆う大屋根は鉄骨だが、インテリアを全面的に無垢の木材で仕上げた設計者の意図も同じ思いからだったでしょう。

旭川駅より一足先に完成したJR岩見沢駅では壁のレンガに協賛者の名前が彫り込まれていました。良き事例を見習うに憚ることはありません。旭川駅内部の壁面仕上げは見付け5cm幅でタモの板を下見張りするため、ラチ内コンコース壁の床上80cmから3mまでの板にローマ字で10,000人分の名前を刻印することになりました。

協賛者を募る

2009（平成21）年7月、関係者による実行委員会が立ち上がり、1口2,000円で協賛者の募集が始まりました。定められた期間4か月で10,000口の応募が達成できるか。10月1日の募集初日、商工会議所の受付には人の列ができました。その日だけで1,100名を超す応募があり、その後、応募の伸びが鈍った時期もありましたが、締め切り日まで3週間を残して目標数に到達しました。

道産タモ材を集めろ

「らしさ」を表現するタモ材はむろん北海道産でなければなりません。ところが現行、市場に流通しているタモ材は90％が外国産です。実行委員の一人だった旭川林産協同組合理事長が広葉樹を扱う組合傘下6社に呼びかけ、北海道全域から壁板14万枚分、約170m³のタモ材を集めました。冬期に伐採した原木を各社が製材、乾燥させた後、市内にある2社で準不燃処理（材を燃え難くするために特殊な薬剤を加圧注入する工程）を施し、その中から色合いなど仕上がりのよいもの5千数百枚を厳選して名前を刻む板に充てました。

細心の工程管理

家族やグループが同じ壁面に配置されるよう事務局で調整した後、すべての名前に固有の番号が振られました。データをもとにレーザーで板に名前を刻む作業は市内で工芸品を製作する会社で行われましたが、管理を任された一人の女性スタッフが3か月かけて1万人分の名前を板に刻んだのです［図V-50］。

出来上がった板は壁面の区画ごとに梱包され、工事の進捗に応じて駅に搬入されました。工事現場では、板の番号を頼りに30名ほどの大工が1枚ずつ板を張り上げました。各工程での入念な準備と管理が行き届き、予定通り1枚の間違いもなくピープルウォール（名前を刻んだ壁の名称）が完成しました。2010（平成22）年10月10日、一次開業した旭川駅は木の香りに満ちていました。市民が「私たちの駅」に愛着を持ち、街のシンボルとして末永く誇りに思うこと、その契機になればこのプロジェクトが持つ意義は大きかったのではないでしょうか［図V-51］。

［図V-50］名前が刻印された道産のタモ材。木の街旭川を象徴する10,000人分のピープルウォールが完成した

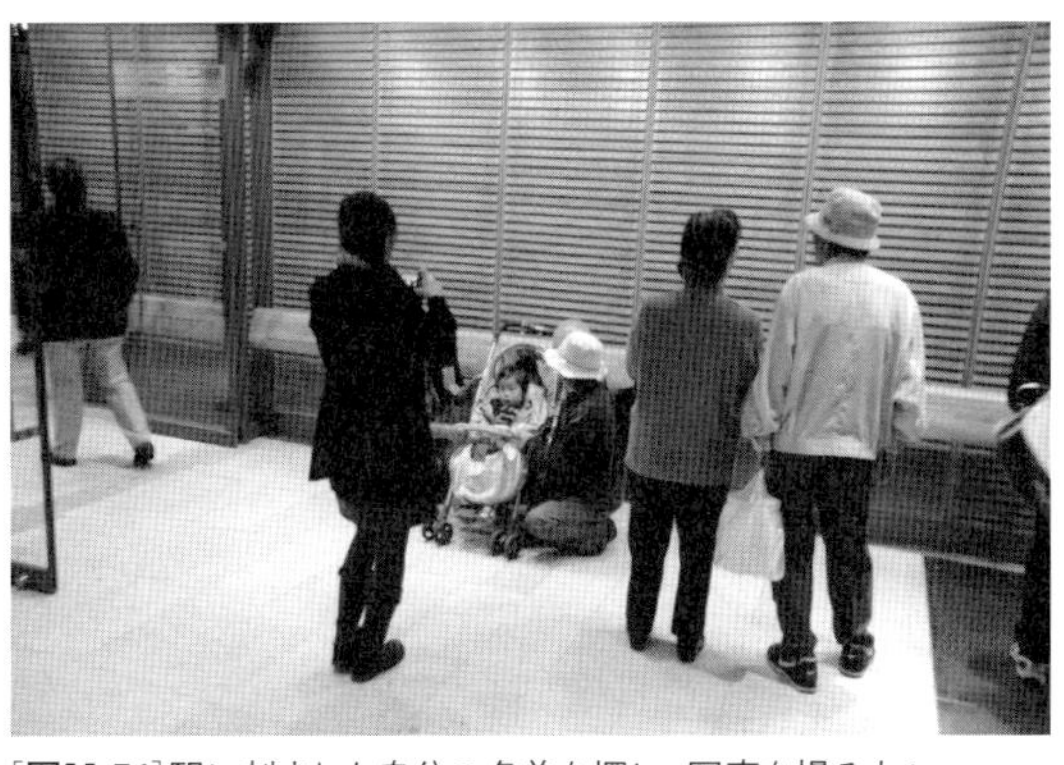
［図V-51］駅に刻まれた自分の名前を探し、写真を撮る人々

［証言……………14］

幻の検討

沖本亨（旭川市）

旭川鉄道高架のような大規模構造物を検討する場合、当然のことながらさまざまなケーススタディーが行われ、検討の過程で消えていく興味深い提案もありました。初期に出された案は、高架橋全体をゲルバー構造で連続桁にし、桁の厚さを薄くそろえ軽快感を出す、その際、鉄道構造物の定番であったラーメンアバットも解消する、さらには電化柱を高架壁の内側に抱き込むため、高架橋全体の幅も広げるというものでした。これは、敷地の問題や、コストの面で実現しませんでしたが、景観的には非常にすっきりした提案であったと思っています。

駅舎部については、ホーム上に設ける屋根をどのような構造とするかが大きな課題となりました。初期に出された案は、ホームに柱を一切設けず、大きな屋根をかける（大架構案と呼ばれていた）というものでした。これは屋根自体が大雪山の山並みを連想させ、天井も高く、ホーム上にも柱がなく、開放的な大屋根の提案でしたが、冬季間の維持管理の課題やコストの問題などから見送られることになりました［図V-52］。

実際に作られた高架橋や駅舎は、これらの検討をベースに、機能面、コスト、景観面などを総合的に考慮した結果到達したもので、非常にバランスのとれたものになったと思います。

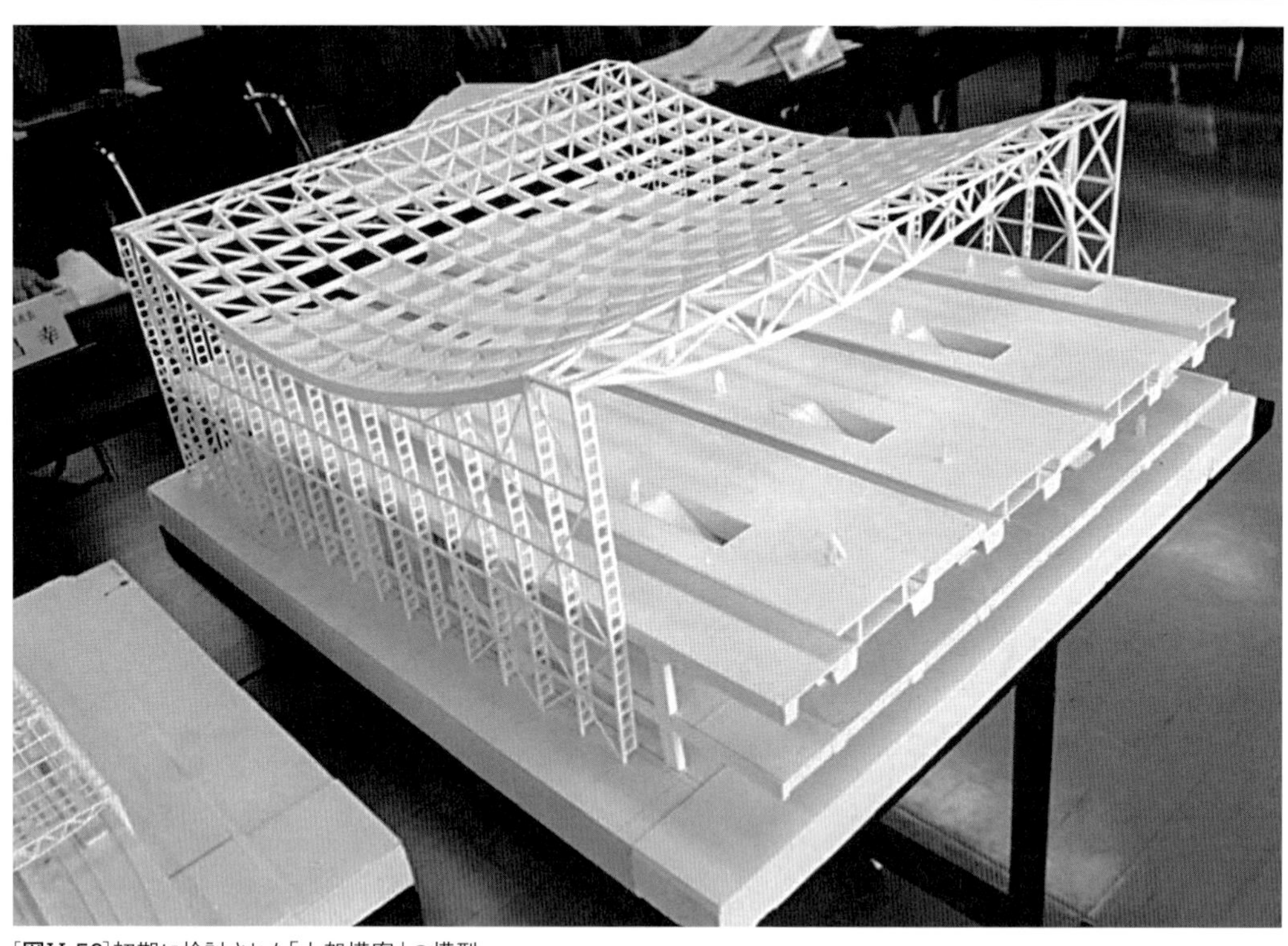

[図V-52]初期に検討された「大架構案」の模型

4 都市の軸線を川までつなぐ駅前広場

三牧浩也(日本都市総合研究所)

新しい駅の南北につくられる駅前広場は、川・駅・街をつなぎ街の顔となる、北彩都の象徴的な空間である。都市の軸線を川までつなぐという基本コンセプトは最後まで貫かれたが、そのデザイン調整は簡単なものではなかった。

駅前広場の配置と基本レイアウト

駅舎を川側に寄せたことで、駅舎の北側には、通りまで約150mの距離が生まれた。また駅舎部分の延長は約180mとなることがわかっていた。これは旭川中心市街地の基本グリッドのちょうど東西方向のワンスパンに該当する。これに囲まれた長方形、面積にして約22,000m²、従来の約2・5倍という大きな駅前広場が駅舎北側に決定された。また、この際、主要バス交通軸である緑橋通から連続した形で広場東側にバスセンター機能を設け、一方で、広場西側には主要歩行者動線である平和通買物公園から、駅舎まで人のための空間を連続的に確保することが、基本方針に据えられた。

同時期にPWWJとの共同作業により、駅舎及び周辺のアーバンデザインの検討がなされた。平和通買物公園と緑橋通の軸線を広場に引き込み、さらに駅を抜けて川まで至る空間づくりを行う方針はここで一層明確にされ、平和通から延びるメインの西コンコースと、緑橋通から延びる東コンコースを設け、それぞれの南端に、忠別川を眺望するテラスを設置することが基本プランとなった[図V-54][図V-55]。

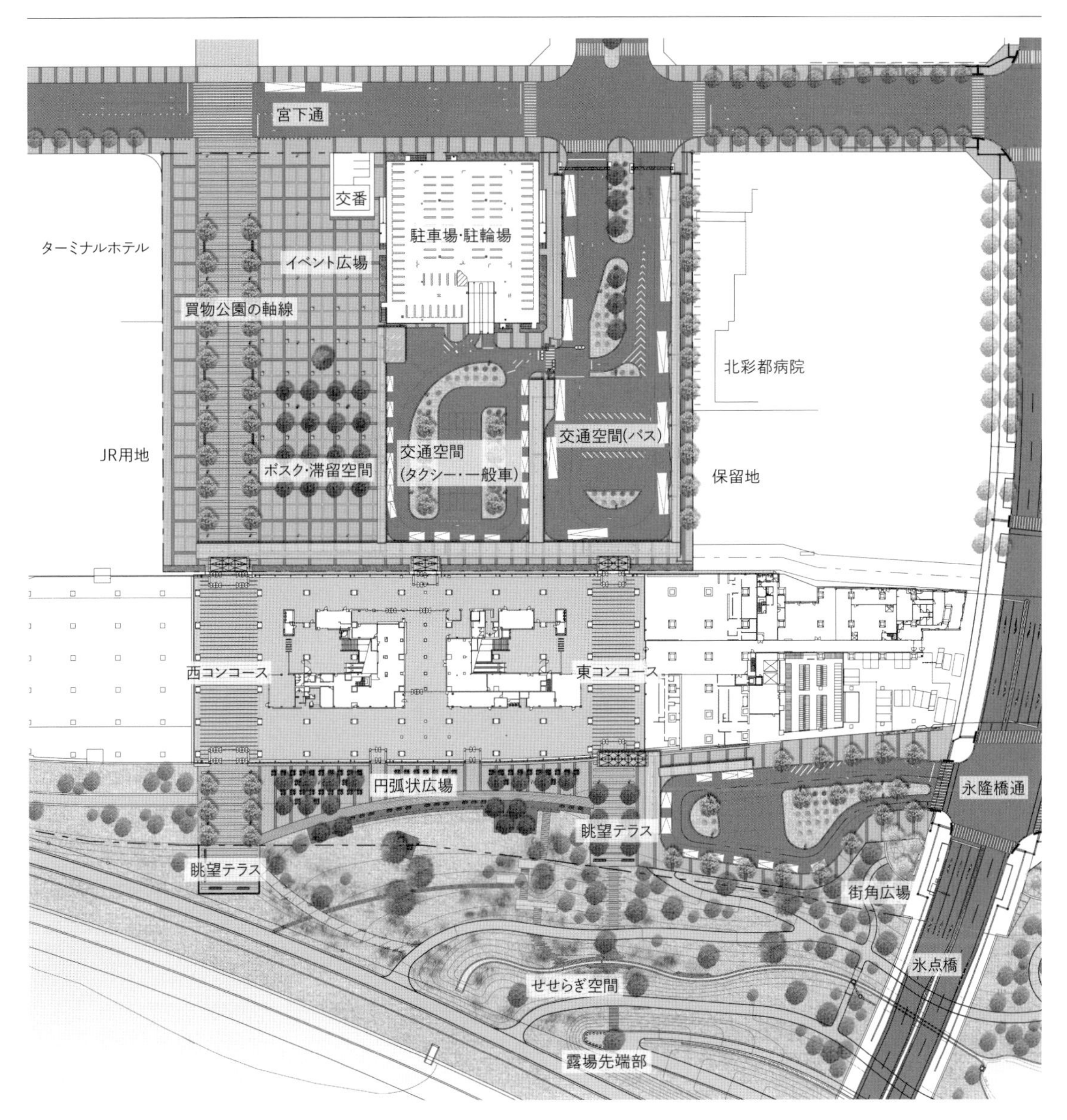

[図V-53]南北駅前広場最終案。駅を介してまちと川が出合う空間をつくるための基本的な空間構成のコンセプトは最後まで貫かれた

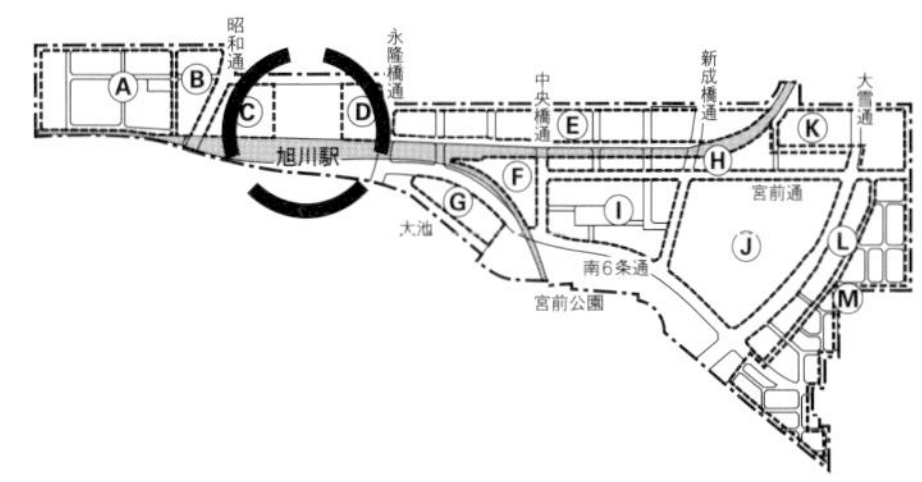

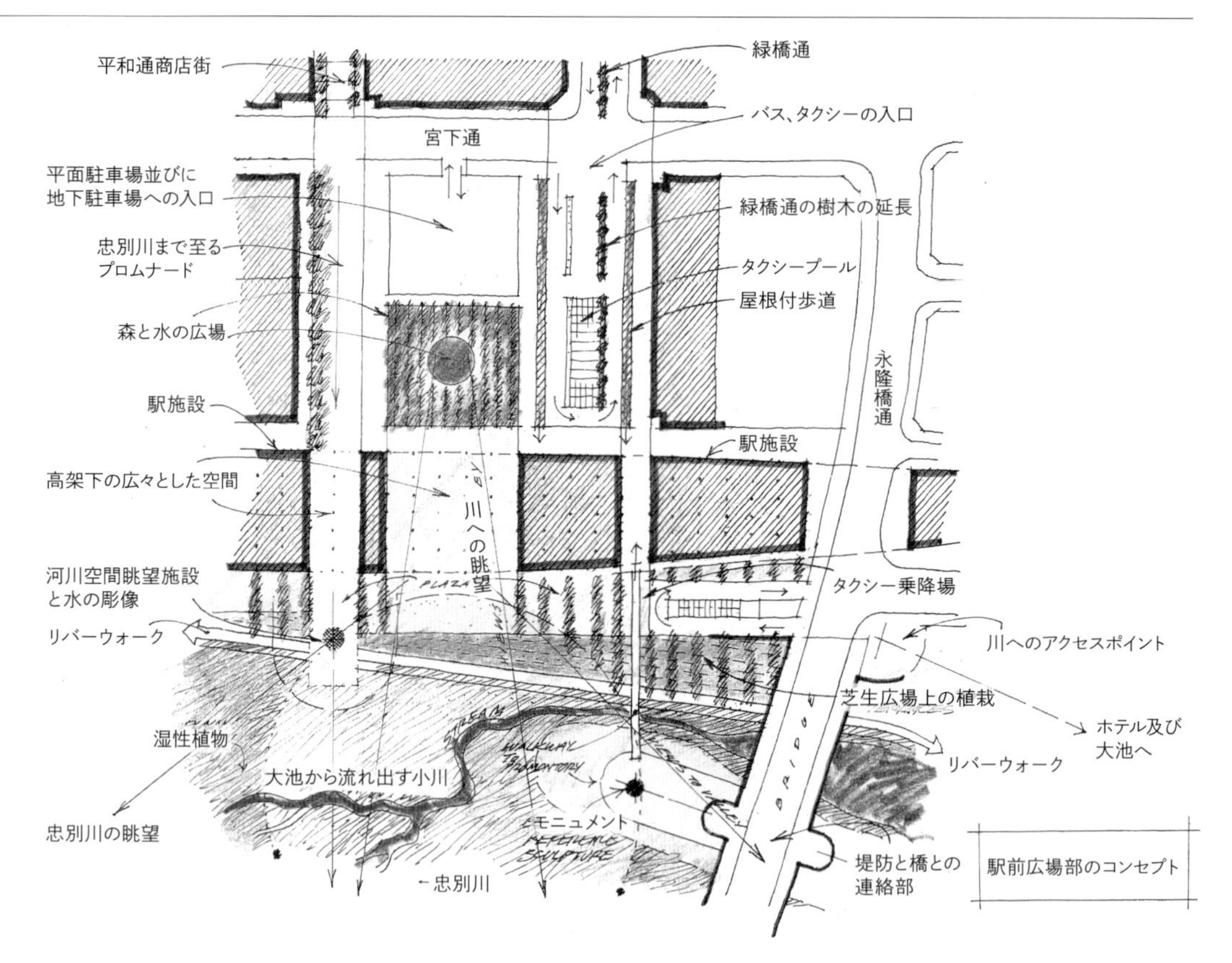

[図V-54]ビルの駅周辺イメージスケッチ。平和通買物公園と緑橋通の軸線を広場に引き込み、さらに駅を抜けて川まで至る空間づくりを行う方針はここで一層明確にされた。緑橋通軸の東側テラスを設けるためには、駅南口の交通広場を少々削る必要があったが、これにより「軸」性を大事にする空間構成が明快となった

[図V-55]街の軸線を駅を介して川に引き込む。北側(写真上側)から駅舎方向に延びる二つの通りが駅前広場、駅舎を貫き、河川空間まで伸びている様子が見て取れる

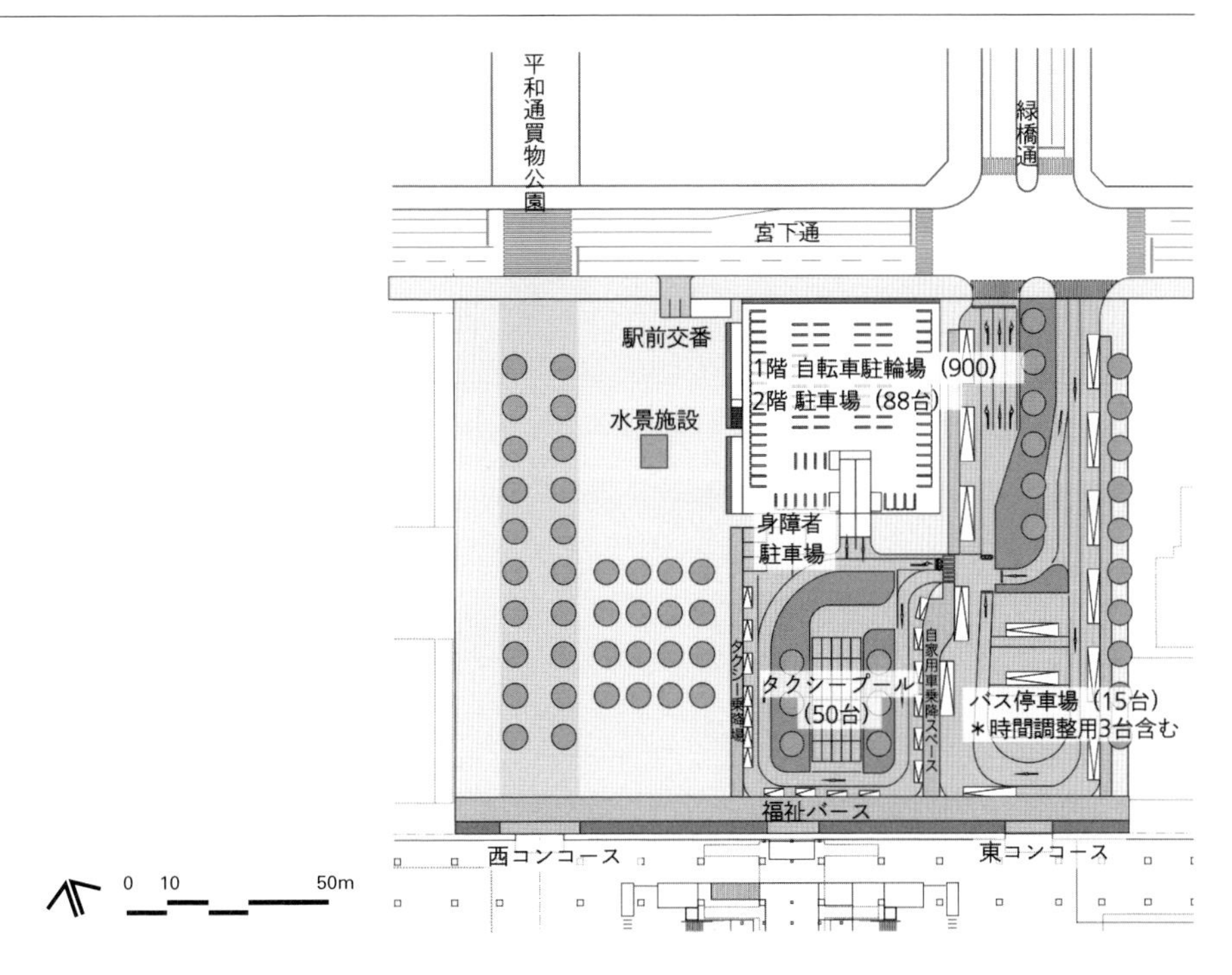

［図V-56］

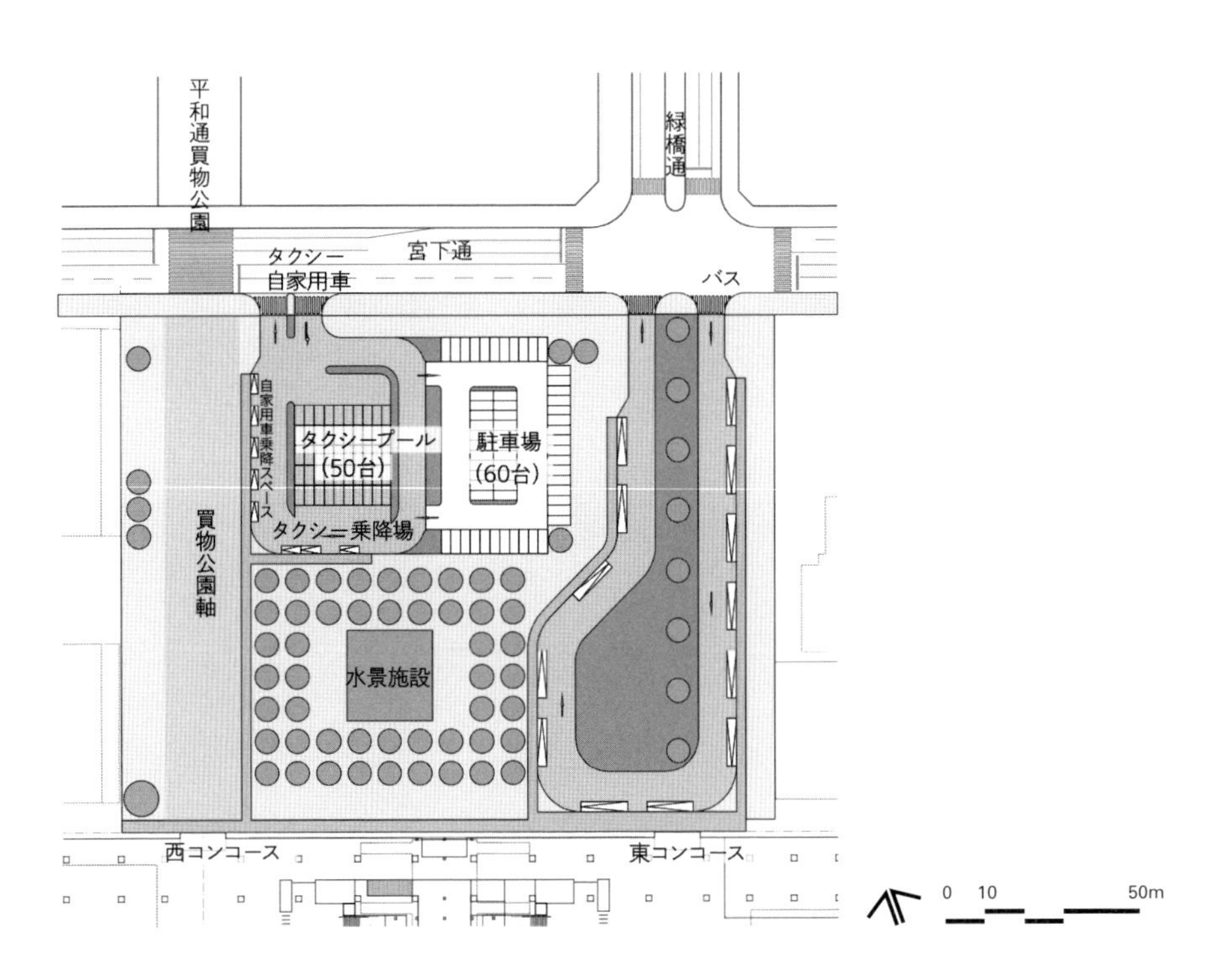

［図V-57］

［図V-56］［図V-57］北口駅前広場検討案。当初はバスとそれ以外の交通の出入口を分ける案(下)もあったが、駅広に侵入する車の渋滞長の問題から、出入口は一つにせざるを得ないことが判明し、歩行者の広場スペースは買物公園軸に沿う形で、軸状に設ける形となった(上)

多様なレイアウトの検討と調整

1995（平成7）年度までに駅前広場の基本的な考え方は整理され、その後検討の軸足は駅舎に移る。駅舎に対する大きな引きとなる駅前広場を北側に確保し、2つの軸を中心に川と街をつなぐ明快な空間構成方針を当初段階で定めたことは、駅舎建築設計のベースとなり、象徴的な駅舎の実現につながっていく。

南北駅前広場の具体的な検討が再び動きだしたのは、10年以上たった2007（平成19）年頃からのことである。改めて交通処理に係る多様なレイアウトパターンを検討し、警察や交通事業者を含めて協議を行った。当初はバスとそれ以外の交通の出入口を分ける案もあったが、駅広に侵入する車の渋滞長の問題から、出入口は一つにせざるを得ないことが判明した。出入口が一つとなる場合、交通機能は東側半分に集約するのが効率的である。結果、歩行者の広場スペースは買物公園軸に沿う形で、軸状に設ける形となった［図V-56］［図V-57］。

個々の施設デザイン

旭川のような雪国では、特に寒い冬を想定して、バス待合空間については全蓋式の可能性も探られた。しかし、コスト面が折り合わず、通常のシェルターを駅舎から連続させる形となった。このシェルターについては、駅舎キャノピーとの空間の取り合い含めて、内藤事務所によって一体的なデザイン検討がなされ、施工時期や管理区分の違いを超えて駅舎と一体で設計ができた［図V-58］。

概ねレイアウトが決まってきた段階で新たな課題となったのが駐輪場である。既成市街地内の違法駐輪対策として、当初の想定を超える駐輪場が必要となった。地下式などさまざまなパターンについて配置やコスト等を

［図V-58］駅舎キャノピーと連続する親キャノピー。駅舎キャノピーとの空間の取り合い含めて、内藤事務所によって一体的なデザイン検討がなされ、駅舎キャノピー・親キャノピー・子キャノピーという三段階で連続させる形で一体的な設計がなされた

［図V-59］半地下二層式の駐車場･駐輪場。既成市街地内の違法駐輪対策として、駐輪場整備が必要となった。デザインについては、内藤事務所の協力を得てシンプルに納められてはいるが、やはり宮下通側から見たときの圧迫感はいなめない

比較検討した結果、もともと計画のあった駐車場と積層させる「半地下二層式」で決着。デザインについては、内藤事務所の協力を得てシンプルに納められてはいるが、やはり宮下通側から見た施設のボリュームは大きく、駅前広場の大空間のインパクトは低減せざるを得なかった［図V-59］。その他の舗装、植栽、照明、噴水なども含め、広場の施設デザインについては、駅舎や地区全体のランドスケープとの一体性を重視して、内藤事務所やD＋Mの連携で検討が進められた。公共空間整備に係る最後の仕上げともいうべき場面で、コスト面での制約から多くの取捨選択を余儀なくされたことは残念ではあるが、駅舎内から連続する煉瓦ブロックの舗装、加藤がこだわった噴水をはじめ、ギリギリのところでその質は保たれている。2014年のオープン時には植えられなかった緑も、今後植栽され、時間をかけてこの空間に落ち着きを与えてくれるはずである［図V-62］。

駅南側広場

駅舎南側の広場は、まちと川が出合う場である。東側や南側からのアクセス性の高い場所に位置するが、交通機能としてはあくまで北口を補完するものと割り切り、交通機能は緑橋通軸の延長である東コンコースより永隆橋通側（東側）に収めた。東コンコースから西側全体を川に連続する歩行者空間としたことで、駅の中央部分全体が忠別川の自然空間と隣接し、まさに川と駅が一体となる特別な空間となった。西コンコースからそのまま河川に突き出したテラスはその一部が河川区域内にはみ出しており、全体としても区域境界を一切感じさせないランドスケープデザインが行われた。各管理主体の信頼関係と、綿密なデザイン調整により実現した川と駅一体の駅南側の空間づくりは、北彩都のアーバンデザインの見せ場の一つである［図V-60］［図V-61］。

[図V-60]忠別川沿いのガーデンと連続した駅南広場

[図V-61]緑橋通から東コンコースを抜けて川まで連続する軸線。当初想定していた展望テラスは西コンコース側のみとし、東コンコースはそのままガーデンに延びる動線として整備することとなった。軸線は堤防上の広場空間に至る

［図V-62］北口広場に設けられた噴水で遊ぶ子供達

［図V-63］広くなった北口広場では冬の期間、特設のスケートリンクが開設されている

証言……15 駅前広場への市民の思い

大矢二郎（北海道東海大学）

南広場

新しい旭川駅には駅舎の北側と南側に広場ができました。南広場にはテラスに沿って北彩都ガーデンが広がり、その先に忠別川の流れが見えます。サニーサイドのテラスはカラリとした快適さがあり、天気の良い日などベンチに座ってぼんやりと時を過ごしたくなります。テーブルを並べれば洒落た野外パーティーも開けそう。夏の夜の風情も捨てがたい。テラスで川風に吹かれながら駅舎を振り返ると、ガラスの壁越しに赤味がかった板張りの壁が見え、見上げれば大屋根を支える4叉柱がライトアップに浮かんでいます。川の方角からはカエルの声も聞こえる。

北広場

北側広場は旧・駅前広場の約2・5倍、2・2haの広さを持ちます。平和通買物公園、緑橋通と繋がる街の「表玄関」です。

「北彩都あさひかわ」計画では駅舎関連施設について広く市民の意見を聞くために「旭川駅舎・駅前広場利用検討懇談会」が都合12回開催され、2004（平成16）年から私もそのメンバーに加わりました。懇談会では駅舎のデザインや駅前広場の機能などについて自由な意見が交わされましたが、委員による見解の相違が最も鮮明になったテーマが「北広場の緑」についてでした。

「忠別川の緑とは別に、北広場にも豊かな植栽が必要」とする意見に対し、「北広場はバスやタクシーなど公共交通機能の集積と駐車場の整備をすれば十分。イベントスペースにも緑は不要」という反対意見が出されました。

後者の意見を公的な形で表明したのが2008（平成20）年七月、旭川商工会議所会頭が市長宛に提出した6項目の要望書です。

要望の中には「バス利用者が安全・快適にバスを待てるよう、広場内に乗車券が買える待合所を設置すること」というもっともな項目もありましたが、要望書に添えられた「広場完成イメージ図」のイベントスペースには樹木が1本も描かれていませんでした。

街の緑

衛星写真で旭川を空から眺めると市街地の緑の貧しさに驚きます。まとまった緑は常磐公園、神楽岡公園と見本林くらいで、都心部にある空地は大抵車で埋まっています。先頃、石狩川の改修に伴う常磐公園の樹木伐採計画に多くの市民が異議を唱えたように、緑に対する人々の潜在的な欲求は大きい。

「北彩都あさひかわ」計画のかなり初期にアメリカのランドスケープアーキテクト、ウィリアム・ジョンソン氏が描いたスケッチが私の頭に刷り込まれています。上空から街を俯瞰するパースには河畔の緑が通りに沿いフィンガー状に市街地へ延びていて、駅の北側には「森」が描かれていました［図V-64］。

北広場の計画図は、緑が徐々に交通施設に浸食される経過をたどり、市がパブリックコメントに供した図でも緑は遠慮がちに描かれています。私は「イベントか緑か」ではなく「イベントと緑」だと思います。快適な緑陰があってこそイベントが誘発される。2・5haはかなりの広さで、両者は十分両立します。

［図V-64］ビル・ジョンソンが描いた駅周辺イメージスケッチ

［証言……16］

駅前広場の設計に際して

細沼 俊（内藤廣建築設計事務所）

この場所に在る駅

旭川を「川のある街」たらしめる忠別川と、都市軸たる買物公園との接点が計画地です。計画当初から求められたのは、この駅空間がいかに都市と自然のインターフェースたり得るか、でした。駅舎のファサードはガラスを多用し、街から川へのつながりを意識して計画しました。使用材料は材質が異なっても色調や風合いに統一感が出るように工夫し、南北駅広と駅舎とが一体感を得るように計画しました。また買物公園軸は、駅舎、駅広とも買物公園通りに使用されている御影石をボーダーとして用い、川につながる軸線を強調させ、かつ既存部分と違和感がないようにデザインしました。

立地条件から、旭川駅においては南北で駅広の持つ主たる機能が分かれています。北側はまちに接し、交通結節点としての役割を担います。駅舎に沿って長いキャノピーを設け、駅舎へのタッチをしやすくするように計画しました。また買物公園と一体となったイベントに対応できるよう、大きな広場を設けた［図V-65］［図V-66］。南側は川に接する空間です。自然地形を生かし、川面から駅まで緩やかにつながるように計画しました。既存樹の大木を残し、芝生広場を設け、駅舎からすぐに、南側の心地よい広場に出ることができます。

大屋根に覆われたプラットフォーム、駅コンもできるコンコース、街に接したイベント広場、川に接した親水広場、陽当たりのよい芝生広場、寒い旭川に「人々が集える場所」をつくろうと、一貫して計画してきました。

[図V-65]

[図V-66]

[図V-65][図V-66]整備前後の北口駅前広場。駅舎が南側(写真上側)にずれたことで駅前広場は拡大。交通機能を東側(左側)に集約し平和通買物公園の軸線に沿って大きな歩行者空間が生まれた

5 住民とともにつくるモデル戸建住宅地区

大野仰一（北海道東海大学）

北彩都あさひかわ事業区域の中で、河川と鉄道用地に挟まれた戸建て住宅地の移転換地先は、隣接して区域の東端に計画された戸建て住宅用地。新しく暮らす住宅地のまちづくりルールを住民とともに作った。

計画地の来歴と移転計画

地区の整備にあたり移転対象となるのは、忠別川沿いの東西に長い戸建住宅地区である。この住宅地の東側には鉄道車両検収工場に従事する職員のための平屋建ての鉄道官舎群、北東側には操車場があり、ここが移転先となった。

移転先地区の鉄道官舎群は、1949（昭和24）年から1972（昭和47）年にかけて建設されたもので、中央には共同浴場、共同店舗、理髪店などが集約されて建ち、北側は観覧席のついた野球場があった。隣棟間隔もたっぷり取られ、各戸には菜園や花壇が広がる独特の地区であった。この街区の特徴を活かすため鉄道官舎群や操車場にもともと有った樹林地を活かした小公園や街区内道路の配置計画など、換地先の戸建住宅地としてのインフラ整備が行われた。北彩都計画の中では、この住宅地をM街区と呼び、都心部に近い新しい戸建住宅地として位置付けられた［図V-68］［図V-69］。

ふるさとの顔づくりモデル土地区画整理事業と地区計画

このMブロックと呼ばれる地区東端の街区群は、この大きな開発の中

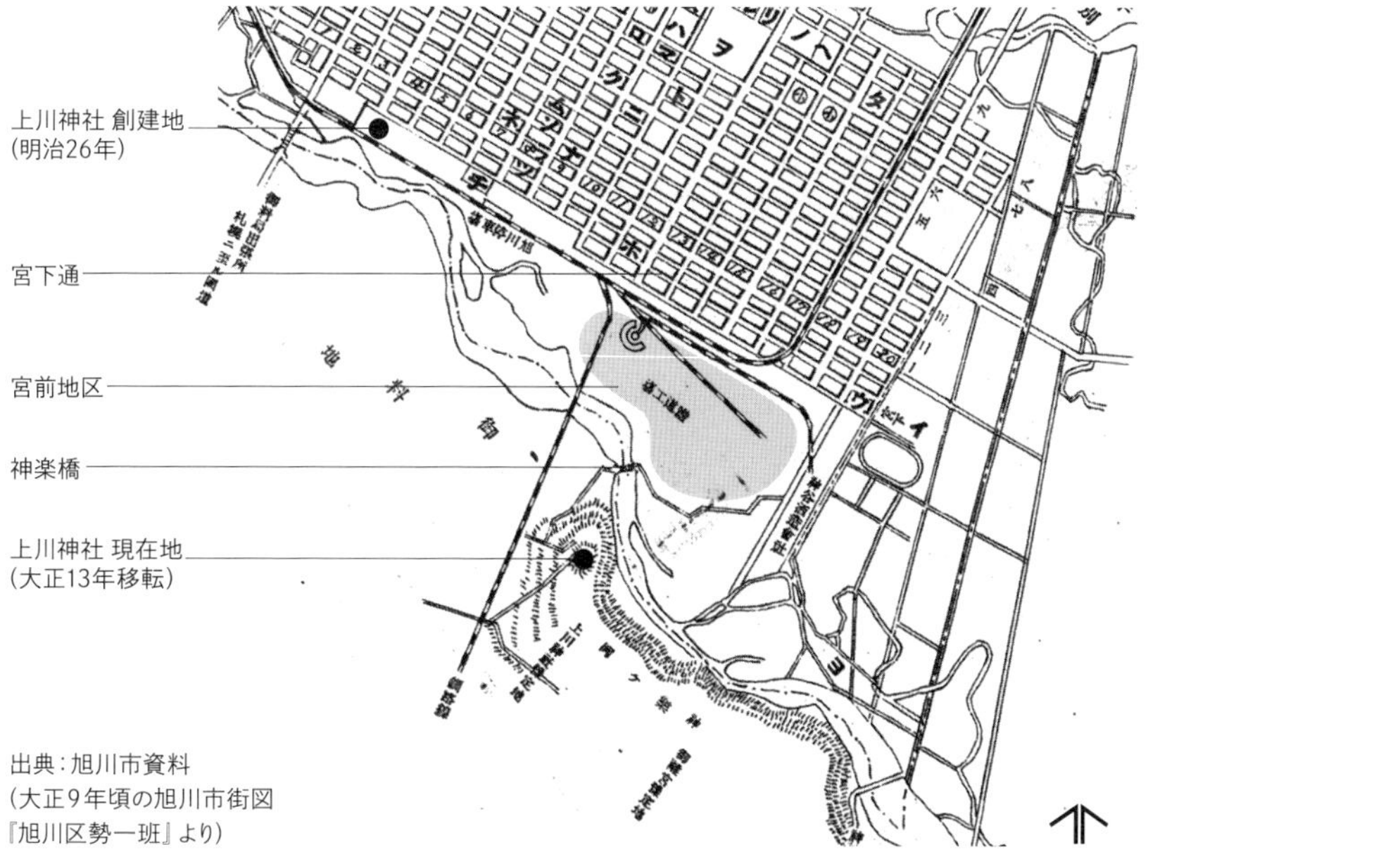

上川神社 創建地
(明治26年)
宮下通
宮前地区
神楽橋
上川神社 現在地
(大正13年移転)

出典：旭川市資料
(大正9年頃の旭川市街図
『旭川区勢一班』より)

［図V-67］上川神社と宮前地区（鉄道拠点地区）。計画地の通りにその名を残す「宮前（通）」や「宮下（通）」の名は、1893（明治26）年に上川盆地全体の鎮守として、現在の宮下通3～4丁目に創建された上川神社に由来する。上川神社は大正4年に忠別川対岸の小高い丘の上の現在地に移転。この丘は、明治時代に全体を離宮（御用邸）にしようという計画もあり、丘の南側には御料の名が残る

[図V-68]

[図V-69]

[図V-68] [図V-69]従前居住者の移転計画(上)と移転先地区(下)。河川と一体となる公園整備のために、忠別川沿いの戸建住宅地区の移転が必要となり、地区東側にあった鉄道官舎地区が移転先となった。この鉄道官舎群は、1949(昭和24)年から1972(昭和47)年にかけて建設されたもので、平屋建て59棟、182戸の団地である。隣棟間隔もたっぷり取られ、各戸には菜園や花壇が広がるなど、旭川市内のなかでも独特な雰囲気の街となっていた

で最も早期に実現される場所であったことから、地区全体のまちづくりへの取り組みや、アーバンデザインやランドスケープデザインの考え方は、後続する他の街区へのモデルとなることが求められた。

住民と進めるまちづくり

住宅地区整備の在り方を探るために、初めに、北国住宅地整備計画策定委員会（1996(平成8)年度、委員長・大矢二郎、北海道東海大学芸術工学部教授）がつくられ、北彩都あさひかわ整備計画全体の居住用地区を対象に、都心型住宅および住宅地のあり方について調査・検討を行った。その目的は、各計画対象地区の環境条件や特徴の把握から、北国住宅地整備のための課題抽出、整備の基本構想と計画実現のための方策を示すことであった。その中でも、Mブロックに対しては、北国の戸建住宅地としてふさわしい良好な住環境をつくり出すために、地区計画の必要性や、住民自らが参加して決定するまちづくりのルールとしての建築協定の必要性を示した。

こうした検討を踏まえつつ、住民とともに細かなルール作りが開始された。

北国住宅地セミナーからまちづくり協議会の設立、まちづくり協定締結へ

1997(平成9)年度に各分野の専門家を招いて地区住民を対象とした北国住宅地セミナーを計三回開催し、Mブロックで住宅を新築する地区住民の基礎知識の一端が形成された。その後、具体的にまちづくりのルール（まちづくり協定）を策定するために、1997(平成9)年度末から翌年度の上半期にかけて、まちづくり協議会を組織した。市の原案をもとに協議が進められ、1998(平成10)年7月の総会で、まちづくり協定案が合意された。原案に加筆した最も特徴のある部分は、第3条として、〈話し合いの原則〉という項目を盛り込んだ点にある。その趣旨は、まちづくり協定を円滑に運用するために必要な地権者および住民の合意形成は、お隣同士の小さな単位から始めることにあり、お隣と相談しながら進めることでつくられる住環境の広がりが、この区域のより良い住環境づくりを目指す基本単位となることを願ったからである。協定が円滑に運用されるため、各条項の趣旨を説明し、具体的な進め方やいくつかの選択肢を、図を交えてまとめた手引書も作成した。手引書から、〈話し合いの原則〉の部分を以下に抜粋する。

「共につくる宮前のまちづくりの手引き」

〈話し合いの原則〉

お隣との話し合い（お隣協議）は、お互いが毎日楽しく過ごすために行うコミュニケーションの場と言えます。お隣と生活を楽しむ工夫等について相談をし、協力をしながら行いましょう。また、お隣との話し合いでつくる良好な住環境の広がりが、この区域のまちづくりに繋がります。お隣同士の話し合いからまちづくりを進めるための話し合いを行い、この協定を育てていくことも大切なことと言えます。基本設計（配置、外構、立面、平面）が完了した時点で、まちづくり協定の審査が行われます。そして次にお隣協議が持たれてから、実施設計の段階となります。このお隣協議の主な内容は以下のような項目が考えられます。

(1)お隣と共有できることはなんだろう。生活を楽しむ工夫として、例えば、共同の家庭菜園、共同のバーベキューテラス、共同の駐車場

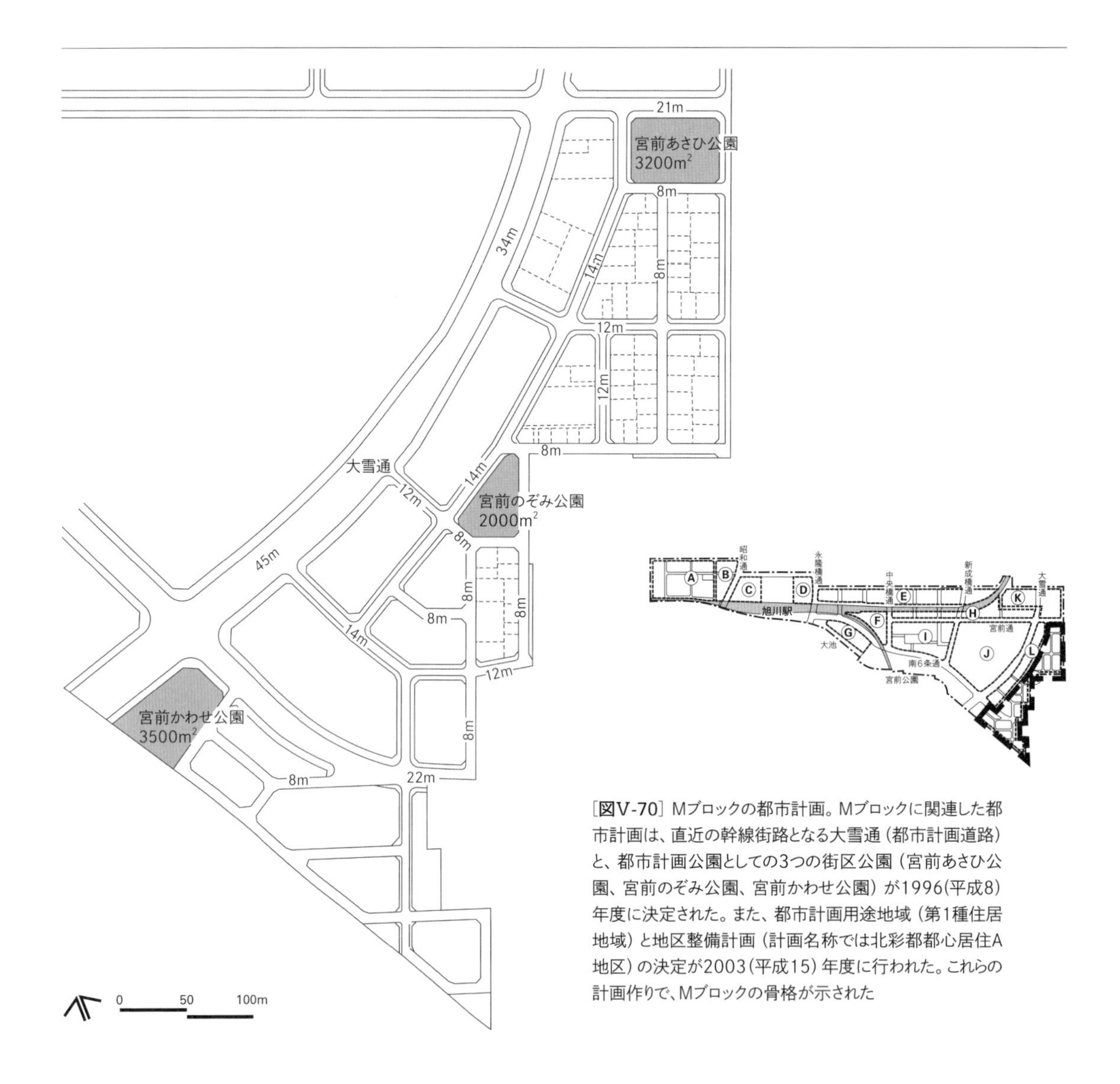

［図V-70］ Mブロックの都市計画。Mブロックに関連した都市計画は、直近の幹線街路となる大雪通（都市計画道路）と、都市計画公園としての3つの街区公園（宮前あさひ公園、宮前のぞみ公園、宮前かわせ公園）が1996(平成8)年度に決定された。また、都市計画用途地域（第1種住居地域）と地区整備計画（計画名称では北彩都都心居住A地区）の決定が2003(平成15)年度に行われた。これらの計画作りで、Mブロックの骨格が示された

［図V-71］宮前あさひ公園。もともと有った鉄道官舎群地区の特徴を残すため、既存の樹林地を活かして小公園が計画された

などは考えられないでしょうか。

(2)地境の塀、生け垣、シンボルツリーなどは共通で出来ないでしょうか。

(3)屋根雪の落雪や堆雪の処理など、お互いに迷惑とならない建物配置や方法はないでしょうか。

(4)建物や庭の植木などの影が冬は長くなります。どのような配置が良いでしょうか

(5)間取りでは、お互いに近く接した向き合う窓は何かと気遣いが要ります。視線が重ならない工夫は出来ないでしょうか。

現在のまちの姿

戸建住宅の建設が始まってから15年が過ぎた。大雪通沿いには大型の集合住宅が建ち、付近には大型のショッピングセンターが立地し、忠別川には上川神社脇に繋がる新神楽橋が開通し、飛躍的に風景が変わった。そしてなによりも、Mブロック内の骨格を成すコミュニティ道路に植栽した街路樹のギンカエデ、交差する他のコミュニティ道路の街路樹のフユボダイジュなどが大きく育ち、街区内道路の起点や結節点の公園の樹木も同様に緑の島となってそれぞれを繋いで、緑豊かな住宅地に育った。各住戸でも、庭の植物の手入れも行き届き暮らしを楽しんでいるようである。まちづくり協定のルールも、強い縛りですべて共通のデザインなどは決めなかっただけに、むしろ結果として穏やかな調和のとれた街並みに成長したともいえると思う。

手引きの思い出

「共につくる宮前のまちづくり手引き」の中では、門灯や表札、番地表示を門柱にまとめ、その素材は地区の記憶をとどめるシンボル素材として

[図V-72]宮前の住宅地区。枕木が活用されている家もある

鉄道枕木の再利用が提案された。当時はガーデニングブームが始まった時期で、庭の縁石や路地の舗装材料として鉄道枕木の再利用はよく目にしていたので、この地区こそ相応しいと考えたのである［図V-72］。しかし、新品ならばいざ知らず、古い枕木では印象が悪すぎる、の一言で却下された記憶がある。今に思えば、たとえそれが下に敷いた枕木ではなく線路そのものを用いた提案だったらどうであったか、とも思うが、結果は同じであったであろう。素材本来の機能用途と異なる使い方を提案する難しさを知る機会となった。

6 土地利用とまち並みの誘導

三牧浩也（日本都市総合研究所）

アーバンデザインの正念場

北彩都あさひかわに生み出されてきた高質な都市基盤の上に、どれだけ魅力的な都市の機能や建築空間、人々の活動が生まれ、育まれるか、そこに北彩都事業の成否はかかる。1994〜1995年度ごろの計画当初段階では、土地利用・機能立地について注意深い需要予測調査が実施され、一定の見込みのもと、土地利用計画が策定された。しかし予想を上回る社会経済状況の変化（悪化）を受けて土地利用需要が低迷するとともに、「都市の理想」として描いた回遊型・街並み型の空間像と、車中心の郊外型施設立地という現実との齟齬はますます拡大している。どこに着地点を見出すのか、最後にアーバンデザインが本質的に抱える難しい課題が立ちはだかっている［図V-73］。

［図V-73］宮前通の街並み。高質な道路空間沿いに徐々に建物が建ちつつあるが、この通りで目指した、人々が行きかう活気ある街並み形成には至っていない

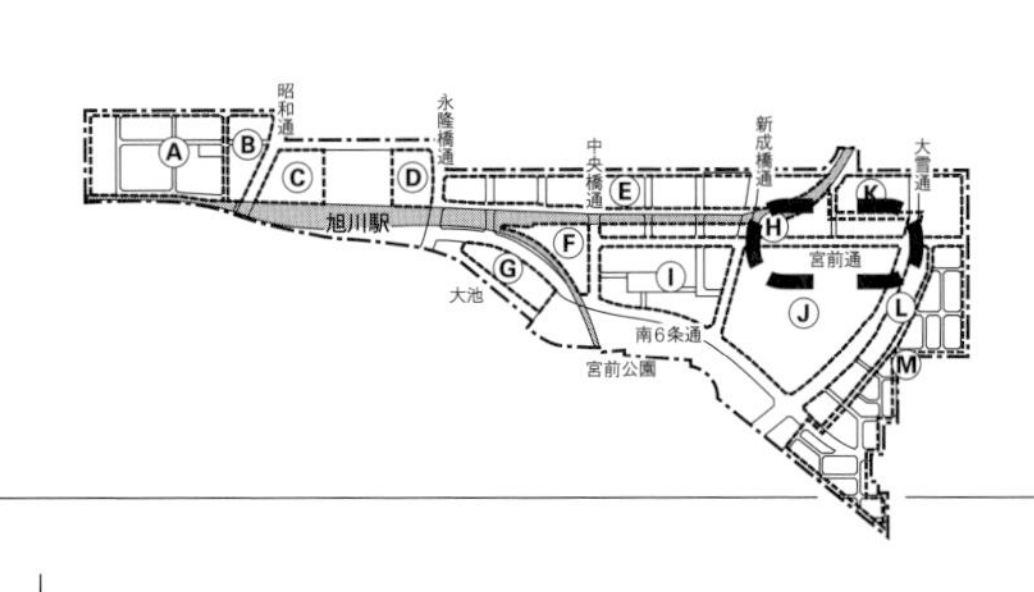

都市計画の規制とその限界

全体の土地利用ゾーニングを改めて［図Ⅴ-74］に示す。

土地利用計画に沿った街の形成の実現を図るべく、都市計画にもとづく土地利用（用途や容積等）の網がかけられる。これに加え１９９８（平成10）年には、北彩都地区全体に地区計画が定められ、空間構成に関わる全体方針が示された。また、その後、ブロックごとに「地区整備計画」が順次定められた。とはいえ、これら都市計画に基づく規制は最低限の基準に過ぎず、建物の用途やボリュームは、その時々の立地需要に応じた地権者の判断にゆだねられる部分が大きい。地区整備上、重要な場所において着実に目指す土地利用を推進するためには、計画主体（ここでは市）自らが一定の土地を持つことが重要となる。旭川市では、中核的機能導入のために、旧車両センター跡の国鉄清算事業団用地を中心に先行的な用地取得を行い、テーマゾーンにあたる地区中央のＩブロックと、シビックコア地区となる東側のＪブロックに、公的な所有地を集合することとした。ただし、他の機能立地のめどが立たないなかで、市の先行取得用地においてすら、少しでも土地利用が進むことを選択せざるを得ないのが現実である。

「街並み形成協議会」の設置

北彩都で最初に建築が始まったＭブロックの従前地権者用の戸建て地区、Ｊブロックのシビックコア地区では、ゆるやかなルールのもと何度も協議を繰り返しながら個々の施設の機能とデザインが検討された。この経験を背景に、建物の立地やその設計に際して、地権者等と協議する「街並み形成協議会」のしくみが２００３（平成15）年につくられた。街並み形成協議会は、土地の処分や新たな建物の立地に際して適切な土地利用誘導を行うための「土地利用部会」と、具体的な建物の設計に際して建築計画や建物デザインについて協議する「建物設計部会」からなる［図Ⅴ-75］。

北彩都エリア内の建築活動に際しては、規模によらず全件を対象に協議会が開催され、助言や要請を実施してきた。そのほとんどが建物設計部会で、土地利用部会の開催はごく一部にとどまる。民有地の土地処分については、実態として協議会のようなオープンな場ではなく個別の事前協議が主となり、土地利用部会が実効性を持てなかった。建物設計部会では、外構や意匠などで一定の成果があった。しかし、特に商業系施設では、通りに面して広大な駐車場を配置し、また大きな看板を掲示する施設計画が示されることが多い。これに対し、通りに面した街並み形成や賑わい創出、緑の充実を図ろうとするが、任意の協議システムの実効力の弱さを感じる場面も少なくなかった。

景観計画への位置づけ：任意の協議システムの実効性の強化

景観法の成立を受け、２００７（平成19）年旭川市でも景観計画が策定された。北彩都あさひかわ地区は「景観計画重点区域」とされ、すべての建築物・工作物が基本的に届出対象とされた。細かい行為制限を定めるとともに、事前協議の仕組みに上述の「街並み形成協議会」を位置づけ、協議誘導の実効性が強化された。従来、事前に明示されていなかった具体的な基準、例えば、沿道への駐車場配置の抑制、壁面後退部等の敷地内緑化、賑わい景観誘導地区における壁面位置の指定や素材としてのレンガ利用などを示した。基準の事前明示や根拠の明確化によって、協議はより円滑に進むようにはなったが、期待通りの街並みが形成されるようになったかというと、残念ながらそうはなっていない。都市計画や地区計画で定める用途規制やボリュームは、実際のニーズに対して緩く「ぶかぶか」であり、基本的な建築計画が決まってからでは、通りに対して「街並み」や「賑わ

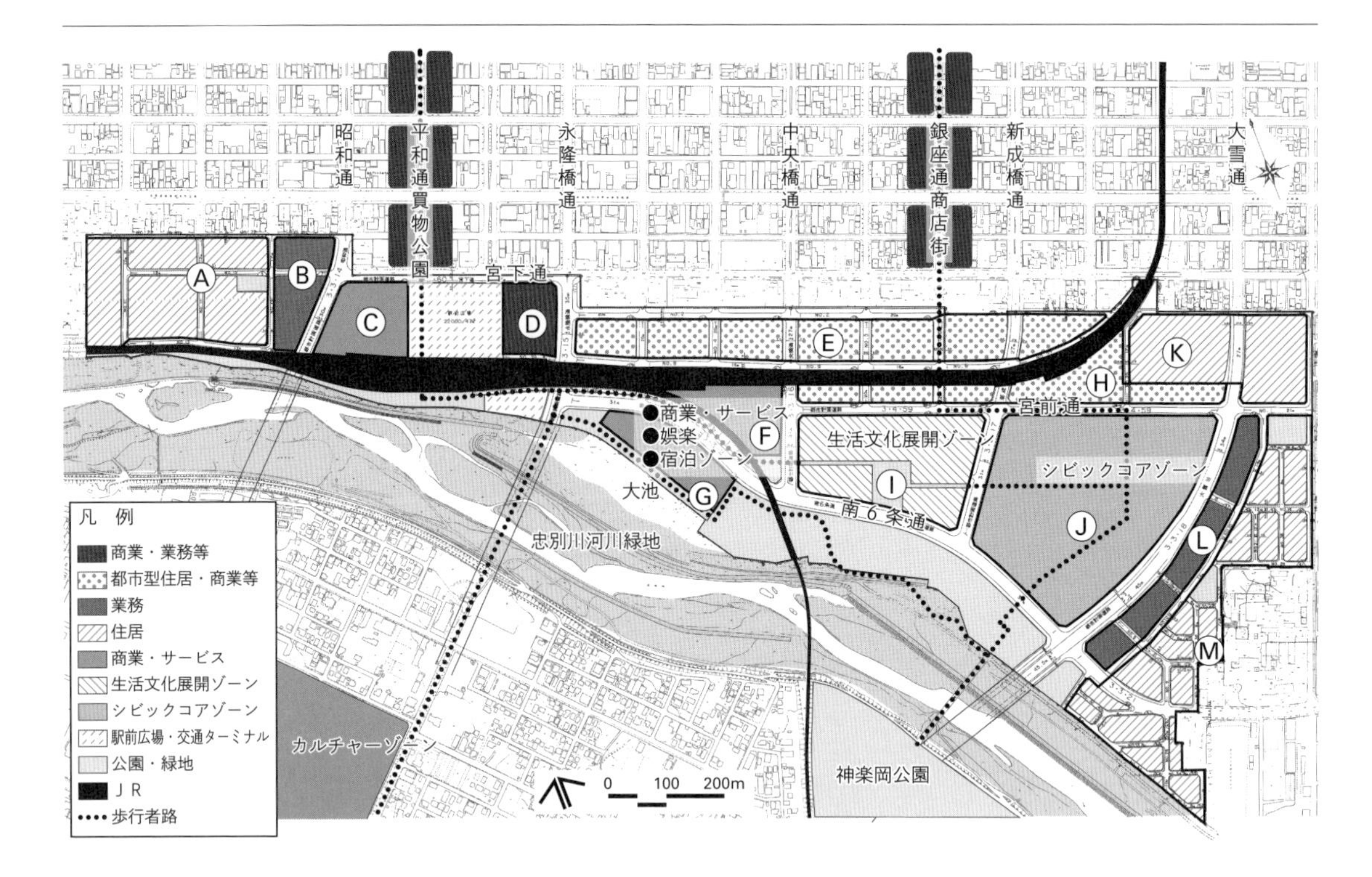

[図V-74]ゾーン設定と配置。開発地区内東部に位置する旧車両センター跡地は、当初より合同庁舎が予定され「シビックコアゾーン」と位置付けられた。その西側に隣接して、中心市街地活性化に向けた中核的機能として、テーマ性の強い機能導入を図る「北の生活文化産業の展開ゾーン」が設定された。この2つのゾーンは河川沿いの緑の空間との一体となって、魅力的な空間形成が可能な場所でもある。さらに、平和通買物公園との空間的連続性、銀座商店街との連担、そして宮下通沿いのレンガ倉庫の再生等も展望し、既成市街地に近い地区北端の駅周辺からテーマゾーンにかけた一体を商業ゾーンと位置づけた。最後に、駅から離れた地区の東端と西端に居住ゾーンを設定。最初に土地利用が可能となる大雪通より東側地区を、従前居住者の移転先となる戸建て住宅ゾーンとした

北彩都あさひかわ地区「街並み形成協議会」

土地利用部会

地権者・権利者との間で、土地の処分・利用計画について協議

建物設計部会

建物建設主体との間で、建物・外構の設計について協議

景観計画に基づく届出対象行為に係る事前協議を「街並み形成協議会」で実施

旭川市景観計画（市域全域が対象）

「北彩都あさひかわ地区」景観計画重点区域

・景観形成の方針
・届出対象行為(基本的にすべての建築物・工作物が対象)
・行為の制限

[図V-75]街並み形成協議会の構図

い」を誘導しえないことがその根本的な要因である。

土地利用・建築活動の現実

［駅前病院］

旭川駅前広場に面する7階建ての大規模病院。建物外装は周辺に合わせたレンガとするなど、全体としては景観に配慮された建物であったが、当初計画は、駅前広場側に塀を設けるものであったことから、低層部は駅前広場の賑わい形成に寄与するような作り方とするよう協議がなされた。その時点では実現しなかったが、駅前広場完成後、広場に面する1階部にコンビニエンスストアを配置することとなり、当初の狙いは実行に移された［図V-76］。

［市営住宅］

鉄道高架に面する敷地に計画された市営住宅では、設計にあたってプロポーザルを実施し、景観計画に定める基準に加え、地区の条件を踏まえた建物の配置計画や外構に係る基準を条件とした。基本設計が進められたのち、街並み形成協議会では、街かどのつくりや駐輪場の処理などについてより詳細な協議がなされ、設計に反映された［図V-77］。

［民間高層マンション］

大雪通に面して初期に建設された民間の高層マンションである。地元民間業者により高層棟と中層棟を組み合わせ、圧迫感を抑えシンボル性もある計画が示され、これに基づいて建設が進められた。街並み形成協議会での協議を通じて地区計画に基づく3mのセットバックを確認するとともに、この部分への駐車場の設置をやめ、緑化の充実が図られた［図V-78］。

豊かな都市基盤は豊かな土地利用を呼び込めるか

２０１３（平成25）年、駅に近く大池に南面するGブロック保留地の販売が開始された。北彩都の中でも重要な位置にあるこのブロックに旭川市の「シンボル施設」を誘致することを目指し、販売にあたっては条件付きのプロポーザルを実施した。選考基準には、価格や機能に係る項目のほか、大池との一体的な空間形成など、空間デザインに係る項目も加えられた。しかし、この募集に対して購入者の決定は難航したが、２０１５年に健康をテーマにした生活文化拠点の立地が決定した。

このGブロックに限らず、需要が冷え込む時代に土地利用を呼び込むためには、販売条件を「買い手」に合わせていかざるを得ない面はある。そうした流れの中で、景観も含め、土地利用や建築の自由度を狭めるルールは緩い方が良いという考え方も根強い。しかし、では、北彩都のアーバンデザインは何のためのものであったか。忠別川の雄大な自然と都市の賑わいが融合した空間形成こそが、新たな旭川の魅力になり、新たな活力を呼び込むと信じてきたのではないのか。

社会経済状況の好転、広域レベルでのコンパクトシティ施策の強化など、根本的な状況の変化も期待したいが、さもなければ考えられる姿勢は二つしかないだろう。一つは、土地利用需要の現実にしっかり目を向けて、一定の割り切りをもって柔軟な誘導を図ること。そして、もう一つは、空間の力を信じてねばりづよく、積極的に北彩都にあった機能誘致活動を行い、あわせて建築デザインの誘導を図ること。実効性の低いルールにしがみついては本末転倒であり、ある程度前者の割り切りは必要かもしれない。ただ、それだけではあまりに寂しい。北彩都に創出されてきた魅力的な空間は、随一のものである。全体のメリハリの中で、妥協すべきでないポイントは確実に存在する。

［図V-76］駅前病院

［図V-77］市営住宅

［図V-78］民間高層マンション

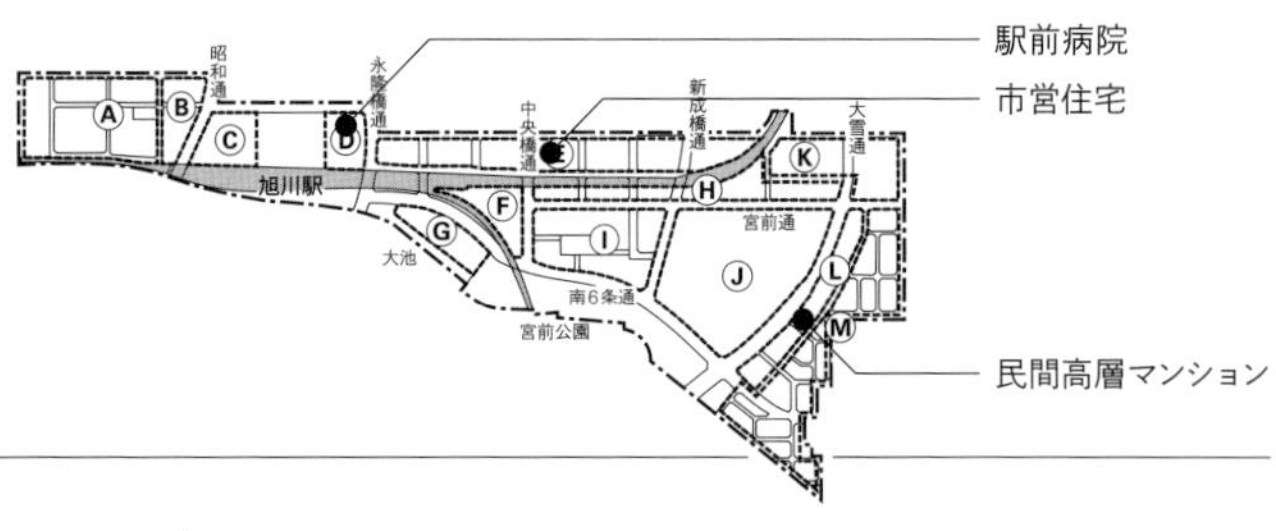

第VI章

まちをつくるインフラ——線のアーバンデザイン

I

高架と土木構造物

篠原 修

参画した1996(平成8)年の時点での北彩都あさひかわ全体のデザイン体制は、既に動いていた全体総括と都市計画の加藤と高見(日本都市総合研究所)、ランドスケープのビル・ジョンソン(PWWJ)と下田、大津(D+M)に土木の篠原、建築の内藤(内藤廣建築設計事務所)が加わる形となってスタートした。篠原が呼ばれた理由が連立の鉄道高架橋にある事は十分にわかっていた。しかし今ここに、改めて鉄道高架と土木構造物のデザイン体制について書けと言われると、当時はその範囲と役割分担がかなり曖昧であった事に気づく。

北彩都あさひかわにおける土木構造物を列挙すれば、以下のようになるはずであった。

- 鉄道高架橋(函館本線、宗谷本線、富良野線)[図Ⅵ-1]
- 橋梁(新神楽橋と南6条通高架橋、氷点橋、クリスタル橋、南6条通歩道橋、神楽橋歩道橋化)
- 街路・広場(北彩都あさひかわの範囲内)
- 忠別川護岸、河川敷公園、大池の護岸とせせらぎ
- 旭川駅の南北広場

しかしながら実際にタッチした案件は鉄道高架橋、橋梁(除く神楽橋歩道橋化)と忠別川護岸、大池の護岸とせせらぎであった。通常は土木の仕事となる街路・広場や旭川駅前の南北広場は関与できなかった。別に全体

[図Ⅵ-1]建設中の富良野線高架橋。周囲にはまだ何もなくスッキリしている

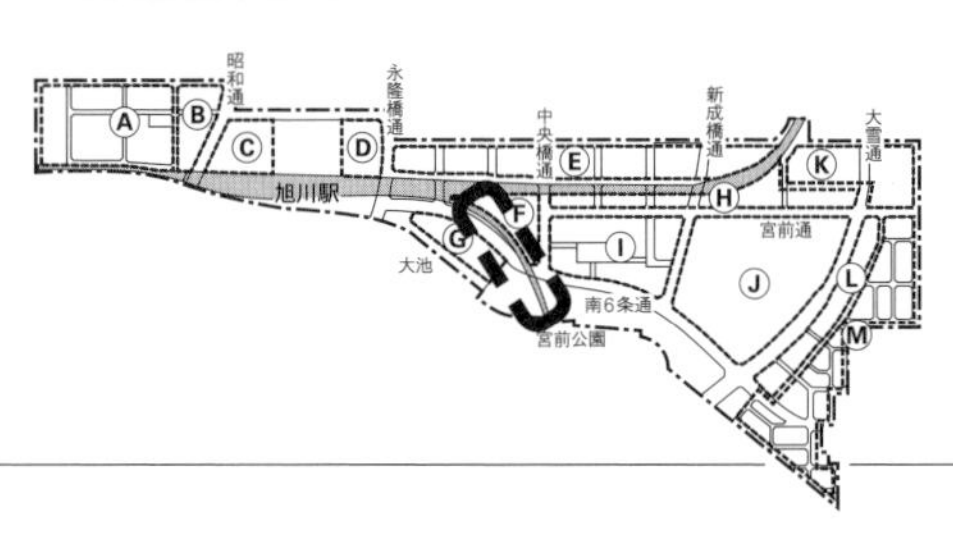

を総括していた加藤源に不満を言いたい訳ではない。加藤は加藤なりのそれまでの連立の仕事の経験から役割分担を決めていたのであろう。旧神楽橋の歩道橋化は誰がデザインしたのか今持って不明である。ただし加藤をパスしてOKになるはずはないから、加藤は知っていたはずである。

次の面積的には最も広範囲になる街路・広場のデザインはビル・ジョンソンの基本デザインでよしとしていたのだと思う。実施の線を引いたのはD＋Mである。南6条通の街路の法面の形などは実にきれいに仕上がっているので、ビル・ジョンソンのデザインコンセプトと基本設計は確かであったという事ができる。この南6条通の街路に現れているように、街路・広場については概ねよくデザインされていると考える。斜面や公園の植栽密度が余りに高いのでは、と不安を覚えたがそれは篠原の持ち分ではなかった［図Ⅵ-2］。

駅前広場については、篠原が以前から組んでやっていた小野寺康と南雲勝志を起用してはと加藤に提案した。この二人はよいコンビで（奇しくもONコンビ）、実績を積んでいたのを一緒にやってよく知っていたからである（ちなみに駅前広場の実績では日豊本線・日向市駅と土讃線・高知駅があり、他に松山の道後温泉本館の広場、ロープウェイ通りなどがある）。この提案は加藤のとる処とはならなかった。ランドスケープのD＋Mがやればよいと思っていたのだろうか、それはよく分からない。予讃線の丸亀駅ではビル・ジョンソンのパートナーであるピーター・ウォーカーが駅前広場を担当していたから、ランドスケープの持ち分だと思っていたのかもしれない。加藤さんにきちんと聞いておくべきだったと思う。駅前広場のデザインはずっと宙ぶらりんのままに推移し、最終的には内藤事務所が引き受ける事となった。

忠別川の河川敷公園はビル・ジョンソンの基本設計どおりに仕上がって

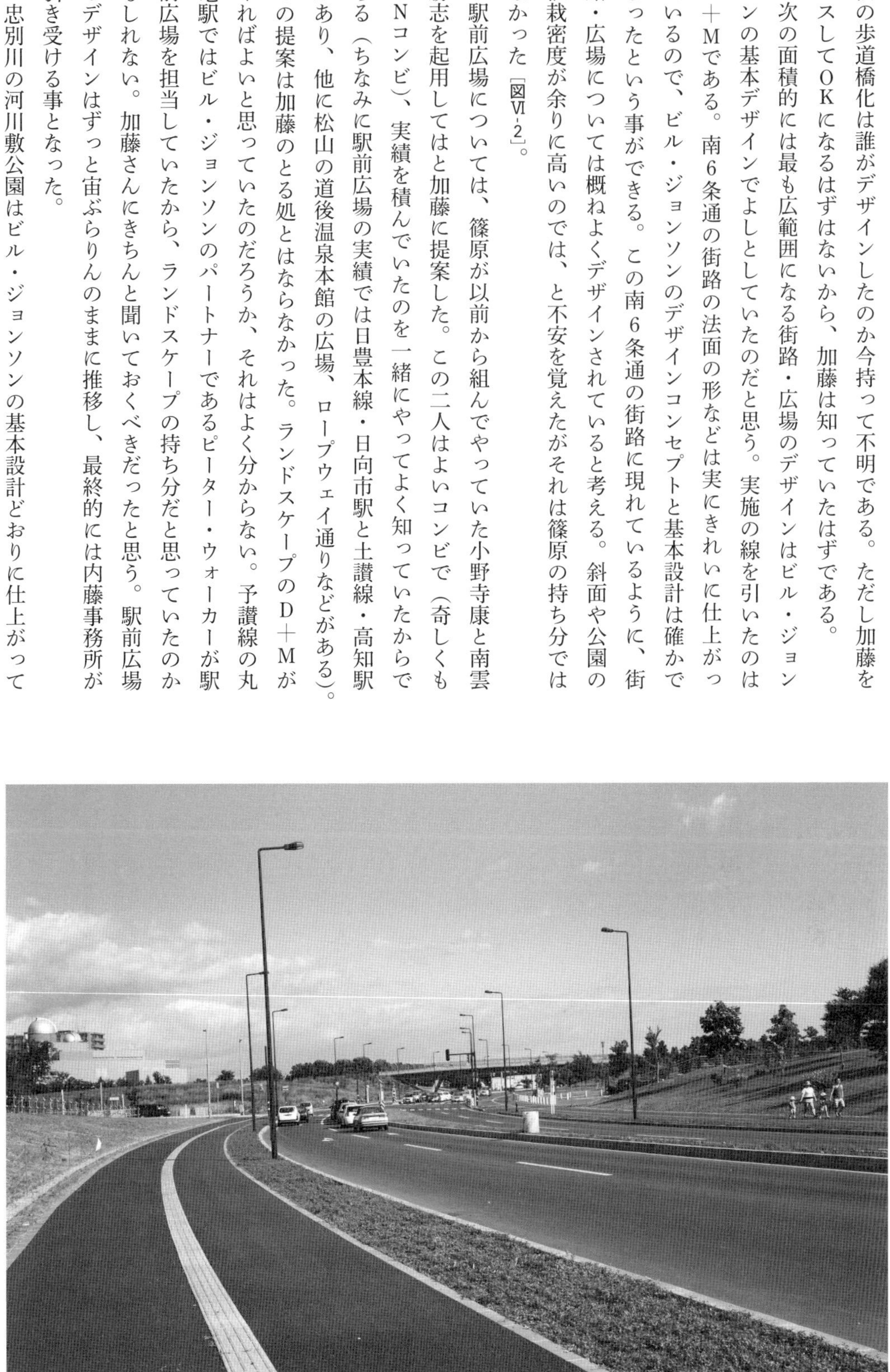

［図Ⅵ-2］南6条通。左に見えるのは市の科学館、右側が宮前公園

いると思う。これも実施設計の線を引いたのはD＋Mである。造成を担当したのは北海道開発局の河川部隊。篠原は全く関与していない。旭川では既に川はD＋Mの担当となっていて、それに異を挟むのは越権行為だと考えた。全体のディレクターは加藤であり、その指揮系統を乱すのはマズイのだ。駅前広場のように加藤に提案する事もしなかった。

この河川敷公園は国有地なので造成するのは開発局で、その上物である公園は旭川市が占用して整備（樹木、芝）するのである。開発局の仕事は丁寧で見事に仕上がっていると思う［図Ⅵ-3］。忠別川の護岸と大池の護岸は正直のところ苦戦したが、見られる形にはなっていると思う。

橋梁のデザインは新神楽橋から始まった。旭川は川と橋の町である。この町に新神楽橋と氷点橋、クリスタル橋の3橋が加わるのだ［図Ⅵ-4］。ある日の事、半日時間をとって石狩川本川、ウシュベツ川、忠別川などに架かる橋を見て廻った。評価出来る橋は旭橋のみだった。旭橋はかつて師団橋と呼ばれた。市の中心から第7師団の駐屯地に至る橋である。設計は当時北大土木の教授であった吉町太郎一（明治31年東大土木卒業）である。昭和初期に多用されたタイドアーチ型式の橋で、旭川のシンボル的存在になっている（彼方に大雪山連峰、下に石狩川、間に旭橋という構図が典型）名橋とはいかぬまでも、先輩である吉町の旭橋に恥じない橋をデザインしなければならない［図Ⅵ-5］。

新神楽橋の実際は新神楽橋に続く南6条通の高架橋と盛土区間となる。デザインのパートナーには迷いなく大野美代子を指名した。大野は元々がインテリアデザイナーなのだが、蓮根歩道橋以来首都高の橋のデザインを一手に引き受け、葛飾ハープ橋や横浜ベイブリッジを完成させていた。最も信頼のおける橋のデザイナーであった。その実際は後の橋梁の節に述べるが、新神楽橋のデザインが何処で議論されていたかというと、後述の鉄

［図Ⅵ-3］忠別川河川敷。ビル・ジョンソンの構想に従って高水敷が整備された。見えているのは左岸側

[図Ⅵ-4]忠別川に新たに架けられた3本の橋。手前からクリスタル橋、
氷点橋、遠くに見え るアーチ橋が新神楽橋

[図Ⅵ-5]旭橋。石狩川本川に架かる旭川を代表する橋

道高架橋のように明確には位置づけられてはいなかった。今思っても事業主体の道庁がよく了解したものだと思う。篠原と大野が議論をしてデザイン案を決め、それを加藤に相談してOKがでれば進行という具合だった。そのデザインを道庁が決めたコンサルタントが実施設計に落とし、大野が監修していたのである。コンサルタントへの発注は通常の入札だったのだと思う。実施設計を担当する土木のコンサルタント、施工を行う建設会社までをも加藤のデザイン体制に組み込むまでには至らなかったのである。これは新神楽橋に限らない土木構造物すべてに共通する。もっとも正式のデザイン監理の仕事は発注されなかったものの、大野を始めとするデザイン担当者が施工に至るまでチェックしていたのが北彩都あさひかわの体制であった［図Ⅵ-6］。

氷点橋（設計時点では仮称・新永隆橋）とクリスタル橋（同じく仮称・新昭和橋）は新神楽橋に続く仕事となった。この2橋が旭川連立の本命の橋で、線路と忠別川で分断されていた旭川中心市街地と対岸の神楽地区を結ぶべく計画された橋なのである。この2橋は忠別川右岸で駅舎を挟んで近接、相対し、姉妹橋といってよい関係になる。新神楽橋の事業主体は道庁で、氷点橋も道庁、クリスタル橋の事業主体は旭川市である。事業主体が違えば発注は当然別となり、通常では統一的にデザインする事は極めて困難となる。それではデザイン体制を組んだ意味がないので、この二つの橋は道庁と旭川市の了解をとってペアの橋として設計を進めた。起用したのは教え子で東大に戻っていた中井祐である。照明は予算の都合もあって既製品で我慢したが、親柱は南雲の手を煩わせた。

篠原の最大の任務であった鉄道高架橋は、長大の三浦健也を起用し、デザイン案を作ってJR北海道と協議を行なう事とした。その議論の場は1996（平成8）年から始まった「旭川駅舎・高架景観検討委員会」である。この委員会は1998（平成10）年から名称を「旭川高架推進懇談会」と変え、2011（平成23）年度の駅舎グランドオープンまで続く事になる。高架橋は道庁からJR北海道への委託工事となるので、通常であれば道庁や旭川市から注文を付ける事はできず、JRにお任せとなってしまうのである。これはもちろんJR北海道に限らず、連続立体交差事業の鉄道部分では鉄道事業者にお任せとなるのである。最も普通のパターンがこれで、都市計画決定、事業認可を取れれば、後はお互い（つまり鉄道と都市側）、自由にやりましょう（勝手にやりましょう）となるのである。統一的にデザインしようという事にはならない。例えば加藤が手がけた根室本線の帯広駅。加藤に聞くと道庁とJR北海道が設計を独自に進め、相談はほとんどなかったという。加藤はここでも、旭川と同様、市から仕事を依頼されていたので道庁、JR側に口出しできなかったのだ。その結果は写真が如実に物語っていよう。「江戸（帯広）の仇を長崎（旭川）で」が旭川の合言葉になったのである［図Ⅵ-7］。

以上に述べてきたように、高架橋と橋梁については篠原がパートナーを選び（ベテランの三浦健也と大野美代子あるいは新進の中井祐）デザイン原案を作成して仕事を進めた訳である。一方、河川や大池の護岸のデザインでは加藤が既にデザインチームの一員として加えていたD＋Mを指導する形で、仕事を進めた訳である。また街路、広場ではなかなか役割分担が明瞭にならず曖昧なままに推移し、駅前広場は最終的に内藤事務所がその任を引き受ける形となった。

加藤の頭には、高架橋と土木構造物の総合デザインとはいうものの、高架橋と橋が篠原に頼んだ土木構造物で、河川の護岸や街路、広場はランドスケープの領域だという区分ができていたのだと思う。

[図Ⅵ-6]建設中の新神楽橋。左側は神楽橋(旧)であり、後に歩行者橋化される

[図Ⅵ-7]帯広連立の架道橋

[図Ⅵ-8]旭川。宗谷線高架の中央橋通架道部

2 鉄道高架

篠原 修

札幌からの函館本線は旭川駅に西から入って来る。ここは複線である。旭川駅で線路は大きく2つに別れ東に行って北にカーヴするのが宗谷本線・石北本線、南東方向に出て行くのが富良野線である。もっとも目につきやすく交通が集中するのが架道部だから、そこがデザインのポイントとなるのは当然の事として、高架化される線路が通る周辺の環境を考えてデザインの方針を立てねばならない。

標準化された鉄道高架

旭川の鉄道高架のデザインをどう考えたかを述べる前に、現在の標準化された鉄道高架がどのようなものであり、更にはそれ以前の高架にはどのようなものがあったのかを、ざっとおさらいしておこう。鉄道高架は一般部と架道部、駅部に分かれる。それぞれがどのように標準化されているのかを、まず紹介しておこう。

［一般部］

線路が単線であるか複線であるか、あるいはそれ以上であるかによる違いがあるが、線路横断方向の違いをとりあえず無視すると、線路縦断方向は次のようになる。柱は2本柱で（横断方向）10メートルスパンの3径間連続ラーメンが標準型である。さまざまの試行錯誤の結果、これが一番構造的に合理的、経済的だという事に落ち着いている為である。この標準化の壁を突破するのは容易な事ではない［図Ⅵ-11］。

［図Ⅵ-9］公園の中を横切る形となる、富良野線の高架は形の良し悪しが明瞭に認識されてしまう。検討の結果単純桁で整備された高架は、一本の滑らかな線となってオープンスペースの中を進んでいる

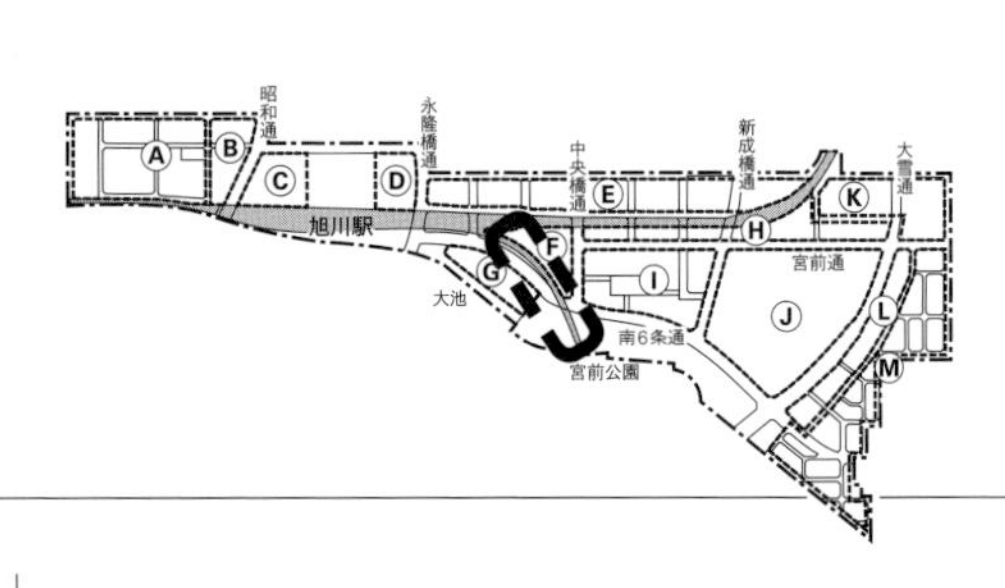

［図Ⅵ-10］単純桁の標準的な架道橋

［架道部］

道路の上に架かる部分を架道部と言う。架道橋とも言う。設計の手順は両側の標準部から始めて、最後に架道部となるのが普通なので最後に架道橋を単純桁として、ポンと載せる事となる。下の道路が既設であれば交通規制を最小限にする為にも、この架設方式が最も好ましいからである。単純桁となるので必然的に桁厚は大きくならざるをえない。つまり一番目に付き、利用頻度が高い所がごつく、くぐりにくい構造となってしまうのである。中路にしろ、下路を採用するにしろ、この欠陥は避けられない［図Ⅵ-10］。

［駅部］

駅部の高架は壁や天井が付くので人目に触れる事はまずない。従ってそう問題にする事はないのかも知れぬが、構造的には不合理な事も多いし、使いがって悪いプランとなる。高架は土木、上屋は建築という分担になっているので、同じ鉄道の中でも連携が取れず、構造優先の高架の設計が終ってからそれを前提に建築の設計という手順になるからである。改札やエスカレーター、ホームの施設配置を考える建築設計と連携をとって土木の設計がなされなければならない。この欠陥が典型的に現れるのは地下鉄の駅で、通路の真ん中に太い柱が何本も立っていて、誠に歩きにくいという経験は誰にも覚えがあるだろう。

標準設計の欠陥

［一般部］

一般部の10メートルスパン3径間ラーメンは、柱の数が多く煩雑な印象となる。特に高架の脇が側道となる場合にはこの欠陥が目立つ。また高架の高さが高くなると構造的に中間梁が必要となり、煩雑さはますます強くなる。新幹線の高架橋でよく目にする風景であろう［図Ⅵ-12］。

日豊本線・日向の高架では単線であるので、1本柱でできる筈だと考え、1本柱を提案した［図Ⅵ-13］。スパンは15メートルである。デザイン原案の作成のパートナーはやはり三浦健也。この提案はJR九州の採用するところとなって実現した。地盤との関係もあるから一概には言えないが、日向ではコストダウンとなった。煩雑さを軽減する為に、可能な限りスパンを飛ばす事、柱の数を減らす事がデザイン上のキーポイントとなる。

［**架道部**］

先述した、ごつさ、くぐる時の圧迫感を軽減する努力をしなければならない。その為には架道橋を標準部の桁厚と同じ厚さで通す事を考える。施工条件にもよるが三径間連続ラーメンか三径間連続桁でデザインすればそれは可能である。単純桁になる場合でも日向市駅原町架道橋のように支承部を厚く桁にむくりをとってデザインすると、圧迫感は大幅に軽減できる筈である。要は一番目に付き、人が利用する部分を無様な形にしたくない、というエンジニアの心がけの問題である［図Ⅵ-14］。

［**駅部**］

駅部は先述のように高架をデザインする土木部隊と上屋をデザインする建築部隊が当初から連携をとってやれるかどうかにかかっている。問題は構造を一体的に、合理的にデザインできるかどうかと、供用後の旅客動線に支障がないようにデザインできているかどうかの二つである。鉄道では伝統的に土木の力が強いので、ここは建築を優遇する度量が必要である。旭川に先行する日向と高知では、デザインを担当した内藤廣の元で連携を

［図Ⅵ-11］標準的な3径間連続ラーメンの鉄道高架

［図Ⅵ-12］3径間ラーメン中間梁のある東北新幹線の高架

［図Ⅵ-11］［図Ⅵ-12］一般部の10メートルスパン3径間ラーメンは、柱の数が多く煩雑な印象となる。高架の高さが高くなると構造的に中間梁が必要となり、煩雑さはますます強くなる

［図Ⅵ-13］

［図Ⅵ-14］

［図Ⅵ-13］［図Ⅵ-14］日豊本線・日向連立一本柱の高架橋（上）と架道部（下）。単線であるので、1本柱でできる筈だと考え、三径間連続桁の1本柱を提案した。日向ではコストダウンとなった。煩雑さを軽減する為に、可能な限りスパンを飛ばす事、柱の数を減らす事がデザイン上のキーポイントとなる。単純桁になる場合でも支承部を厚く桁にむくりをとってデザインすると、圧迫感は大幅に軽減できる

とったデザインが実現した。鉄道工事では土木が先行し、それが基幹工事であるというだけで建築が後回しにされているのが慣例になっていただけで、連携をとって一緒にやれない事はないのである。

鉄道高架の事始め

鉄道史の専門家ではないので定かでは無いが、本格的な鉄道高架が計画され、実際にもできたのは東京市街線鉄道高架橋である。これは１８８９（明治22）年に決定された「東京市区改正設計」（今日の都市計画事業決定）で新橋駅（後の汐留駅）と上野駅を結んで丸の内に中央停車場（今の東京駅）を作るという計画に基づいている。もちろん東京の都心に踏切を作る訳にはいかないから、線路を高架で入れるか地下で入れるかが、当然議論になった。結論は地下水位が高いことと工事費が地下では高いことから高架が採用された（以降踏切を無くす連立では殆どが、同様の理由で高架になって今日に至るのである。例外は地下鉄）。設計指導はドイツのフランツ・バルツアーであった。バルツアーは既にベルリンの市街線で高架橋をデザイン、実現させた実績があり、それをモデルとしてスパン８ｍ、12ｍのレンガアーチで高架橋をデザインしたのである。基礎は江戸城の基礎と同様の松丸太である。このレンガアーチは強く１９２３（大正12）年の関東大震災にも耐えた［図Ⅵ-15］［図Ⅵ-16］。架道部はメタルのガーダー。水平力を橋台に持たせ、ピン支承のスリムな橋脚で高架橋を実現している。東京駅が大正３年の開業だから設計は明治40年代である。その結果、架道橋は標準化された今のものに比べよほど洗練されたものになっている［図Ⅵ-17］。コンクリートに信頼がなかった時代であることが、レンガアーチを採用させ、デザイン的にも景観的にも好結果を産んだのである。しかしメタルの架道橋は車両通過時の騒音がうるさく、架道橋は次第にコンク

［図VI-15］

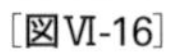
［図VI-16］

［図VI-15］［図VI-16］ベルリン市街線の高架橋（右）と新橋・東京間の煉瓦アーチ（左）新橋から東京上野への延伸に際してつくられた東京市街線の鉄道高架の設計指導はドイツのフランツ・バルツアー。バルツアーは既にベルリンの市街線で高架橋をデザイン、実現させた実績があり、それをモデルとしてスパン8メートル、12メートルのレンガアーチで高架橋をデザインした

リート橋にとって代わられていくのである。

その後、高架橋にはさまざまな試みがなされるが、それを詳細に追いかけていたのではいくら紙幅があっても足りないので、注目すべき例を以下に紹介するに留める。

その一人は帝都復興の橋の指揮をとった田中豊である。田中は隅田川の永代橋、清洲橋以下多くの名橋を実現したが、もともとは鉄道省であったから鉄道の橋も手がけている。総武線の隅田川橋梁、東武の隅田川を渡る橋梁も田中の設計指導である。高架橋の代表作は総武線の高架である。総武線の高架は秋葉原で山手線、京浜東北線と立体交差するので高架橋としてはけた外れに高い。今、この高架橋を見ると張り出しを大きくとって側道空間を確保し、高架下には店舗などを入れて街の中に溶け込んでいる。架道部にはやはりメタルを採用し、単純桁でスッキリと仕上げられている。田中は昭和通を跨ぐこの架道橋を自信作の一つであると述べているのである［図VI-18］［図VI-19］。

北大を出て鉄道省に入った阿部美樹志は外堀アーチ橋を設計した後アメリカに留学し、ドクターをとって帰国、独立して設計事務所を開く。構造の専門家であったが建築のデザインも手掛けた人物である。代表作は阪急梅田デパート。阿部はこの阪急つながりで数多くの私鉄の高架橋をデザインした。東京では東急の渋谷駅代官山間の高架、銀座線の渋谷の高架、南武線の高架などである。いずれもスマートにデザインされていて好感が持てる。周辺の環境に合わせて、丁寧に考えていたことがわかる［図VI-20］。

田中にしろ阿部にしろ、いずれも戦前の作品である事が悔しい。戦後の高度成長以降にはこういう丁寧に考えてデザインするというエンジニア魂が失われてしまった。鉄道の高架橋標準化に決定的な影響を及ぼしたのは、東海道新幹線の高架橋であった。3径間連続ラーメン、高さがある場合

［図VI-17］新橋・東京間の鉄道高架架道部メタルのガーダー。水平力を橋台に持たせ、ピン支承のスリムな橋脚で高架橋を実現している。架道橋は標準化された今のものに比べよほど洗練されたものになっている

［図VI-19］

［図VI-18］

［図VI-18］［図VI-19］田中豊の設計による総武線高架と架道橋 この高架橋を見ると張り出しを大きくとって側道空間を確保し、高架下には店舗などを入れて街 の中に溶け込んでいる。架道部にはやはりメタルを採用し、単純桁でスッキリと仕上げられている

［図VI-20］阿部美樹志による東横線高架 渋谷駅—代官山駅間スマートにデザインされていて好感が持てる。東横線地下化に伴い撤去

には中間梁を入れたラーメンが標準となった。最もコストが安く、構造的にも合理的という形である。この形式が大々的に採用された東北新幹線が田園風景を切り裂いて実現した時の驚きは忘れられない。景観に対する配慮は皆無であった。設計は当時の国鉄の構造物設計センターである。最も責められるのは土木ばかりではない。東海道新幹線以来駅舎も標準化され、どの駅も同じスタイルとなったのは周知の事柄であろう。大量に速く、可能な限り安くという時代だったのだ。

旭川高架の仕分け

旭川駅前後の線路は以下のようになっている。札幌からの函館本線は旭川駅に西から入って来る。ここは複線である。旭川駅で線路は大きく2つに別れ東に行って北にカーヴするのが宗谷本線・石北本線、南東方向に出て行くのが富良野線である。前者は複線、後者は単線である。架道部は駅西に1箇所、駅東の石北本線で6箇所、富良野線で2箇所となっている。もっとも目につきやすく交通が集中するのが架道部だから、そこがデザインのポイントとなるのは当然の事として、高架化される線路が通る周辺の環境を考えてデザインの方針を立てねばならない。

函館本線・石北本線の側方は通常の市街地となる筈だが、当面は市街化されずに高架は街や、特に忠別川対岸からよく見られる存在となる。であるから遠目にもスッキリとした形としたいと考えた。一方の富良野線は駅を出てすぐに公園の中を横切って忠別川鉄橋に至るルートとなっている。将来ともにオープンスペースの中の高架橋となって、極めて目だつ存在となる事が運命づけられているのである。函館本線・石北本線にも増してスッキリとしたデザインで仕上げなければならない。またここでは人が至近距離から眺める事も考えねばならないのだ。

区画道路2、区画道路3を3径間連続桁とし、架道部以外を20mスパンを中心に考えた案

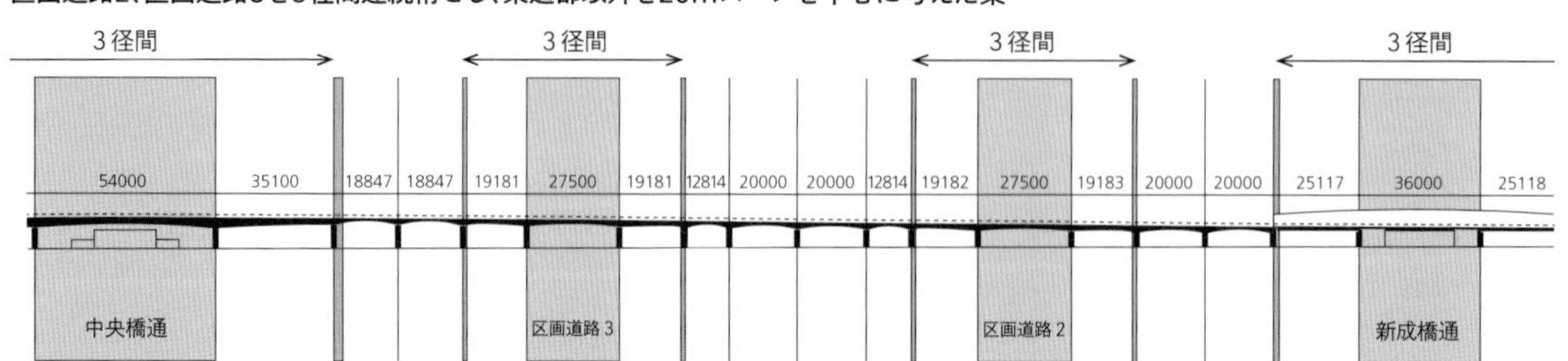

区画道路27.5mスパンを中心に均一なスパンで考えた案

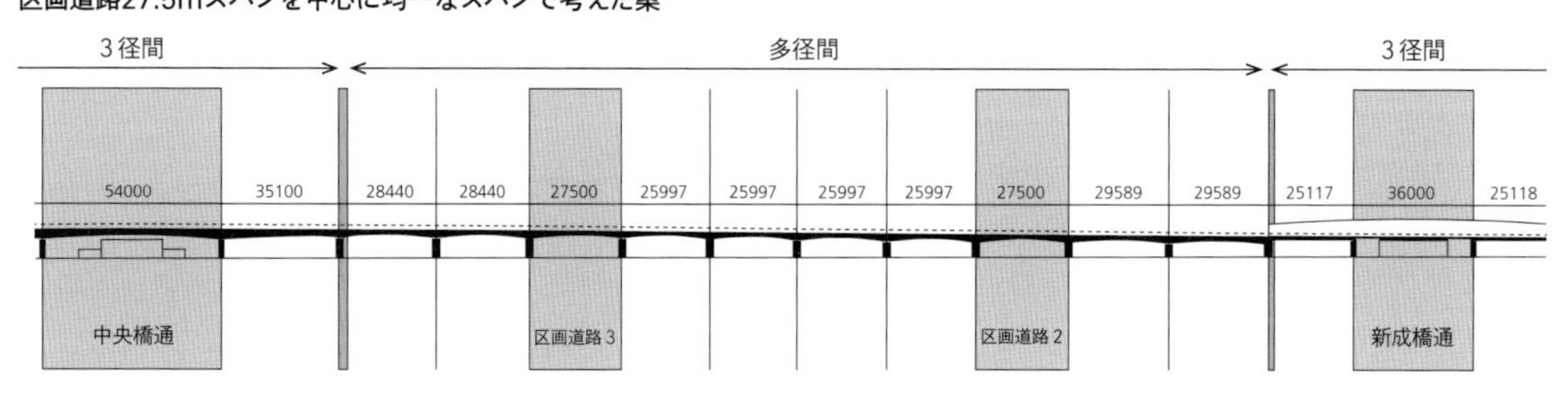

[図VI-21]石北本線一般部のデザイン検討

[図VI-22]石北本線の一般部。コスト面から3径間連続ラーメンの標準型となった

[図VI-23]

[図VI-23][図VI-24]石北本線新成橋通架道部(上)、中央橋通架道部(下)幅員が小さな所ではワンスパンで飛ばした。また桁幅も可能な限り、張り出しを大きくとって、小さくするように努めた

[図VI-24]

旭川高架橋のデザインの実際

以上の点を踏まえて宗谷本線・石北本線、富良野線の全てを連続桁としてデザインする事を提案した。JR北海道との協議の結果は以下の通りとなった。

(a)宗谷本線と石北本線の一般部は連続桁としてデザインしたいと提案した。理由はもちろんスッキリとした形にできるからである[図VI-21]。

JR北海道の回答は否。コストが高くなるので勘弁して欲しいという理由である。1987(昭和62)年の分割民営化以降、JR各社はコストに関して極めて厳しくなった。平成の初めにデザインに関与したJR東海、鉄道総研のリニア山梨実験線の高架で、その壁を初体験した。肩部が目立つハンマー型の橋脚が格好悪いので肩部を柱にすりつけるよう提案した処、コンクリートボリュウムが増えてコスト高になると言われたのである。たかが5パーセント内外でしょうと主張したのだが、それが大きいと言うのである。JRのコスト意識とはかくまでも厳しいのかと思いしらされたのであった。

ましてやJR北海道の経営はJR四国について厳しい。札幌周辺と札幌・旭川間を除けばほとんどが赤字路線である。3径間連続ラーメンの標準型でというJR北海道の要請を飲まざるを得なかった。でき上がった3径間連続ラーメンの高架を忠別川対岸から見ると、覚悟していたとは言え、やはり煩雑でいいものとは思えない[図VI-22]。

(b)ただし、その代わりと言うわけではないが架道部については、下の道路の幅員や横断面構成を踏まえた個別のデザインとするという合意を取りつけた。完成形を見てもらえばわかるとおり、各架道橋はその前後の無愛想な標準部の印象を打ち消すような、些かやり過ぎかと思われるような強い形となっている。標準部と連続させるという考えを捨てて、むしろ縁を切るデザインとしたのである。これがどう市民に受け取られるか、それを注意して見続ける事はデザインした側の責務であろう。架道橋は下の道路の幅員によって大きく2つのタイプになっている。幅員が小さな所ではワンスパンで飛ばし、大きな幅員の所では歩車道境界に橋脚を立てて3径間の橋とした。下を歩行者と車が通る桁の厚みを可能な限り薄くしようと考えたからである。また桁幅も可能な限り、張り出しを大きくとって、小さくするように努めた[図VI-23][図VI-24]。

(c)最も注意を払ったのは公園の中を横切る形となる、富良野線の高架である。この部分は形の良し悪しが明瞭に認識されてしまう。

検討の結果、連続桁ではなく単純桁で通す事となった。心配は重くなるのではないかという事だった。出来上がってみると単純桁は一本の滑らかな線となってオープンスペースの中を進んでいる。心配は杞憂であった。工事関係者の評判も良かったのである。富良野線は以上のように、一本の線としてデザインしたので一般部と架道部の区別はない。架道橋としては結果的に特殊な形となったのである[図VI-9]。

3 街路のデザイン

下田明宏・大津正己(D+M)

街路は、安全で快適な移動を支える生活の基盤であり、その機能を十分に満たすように設計することが基本である。北彩都あさひかわではそれに加え、地区の空間構成を特徴づけ、場所の持つ意味を強調する役割や、市民の活動や緑を引き立てる「地」としての役割なども考慮し、街路空間の設計を行った[図VI-25]。

［図VI-25］地区内の川へ向かう幹線道路（新成橋通）。このプロジェクトにおいて街路のデザインは重要ではあるが、図として目立たせるという考え方は皆無であった。あくまでも機能的に、また緑の連続性を確保する空間としての役割に徹している。写真では奥にストリートエンドパークにつながる部分。さらに新神楽橋が見える

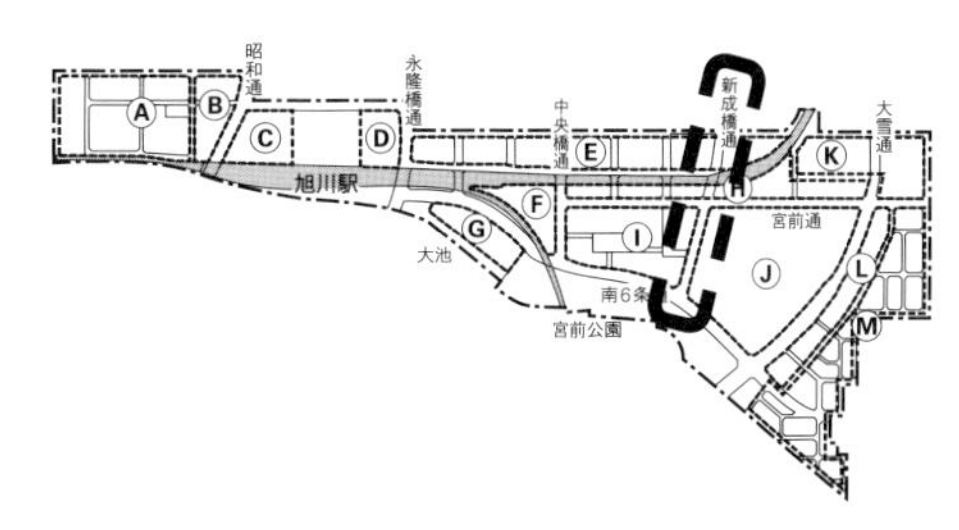

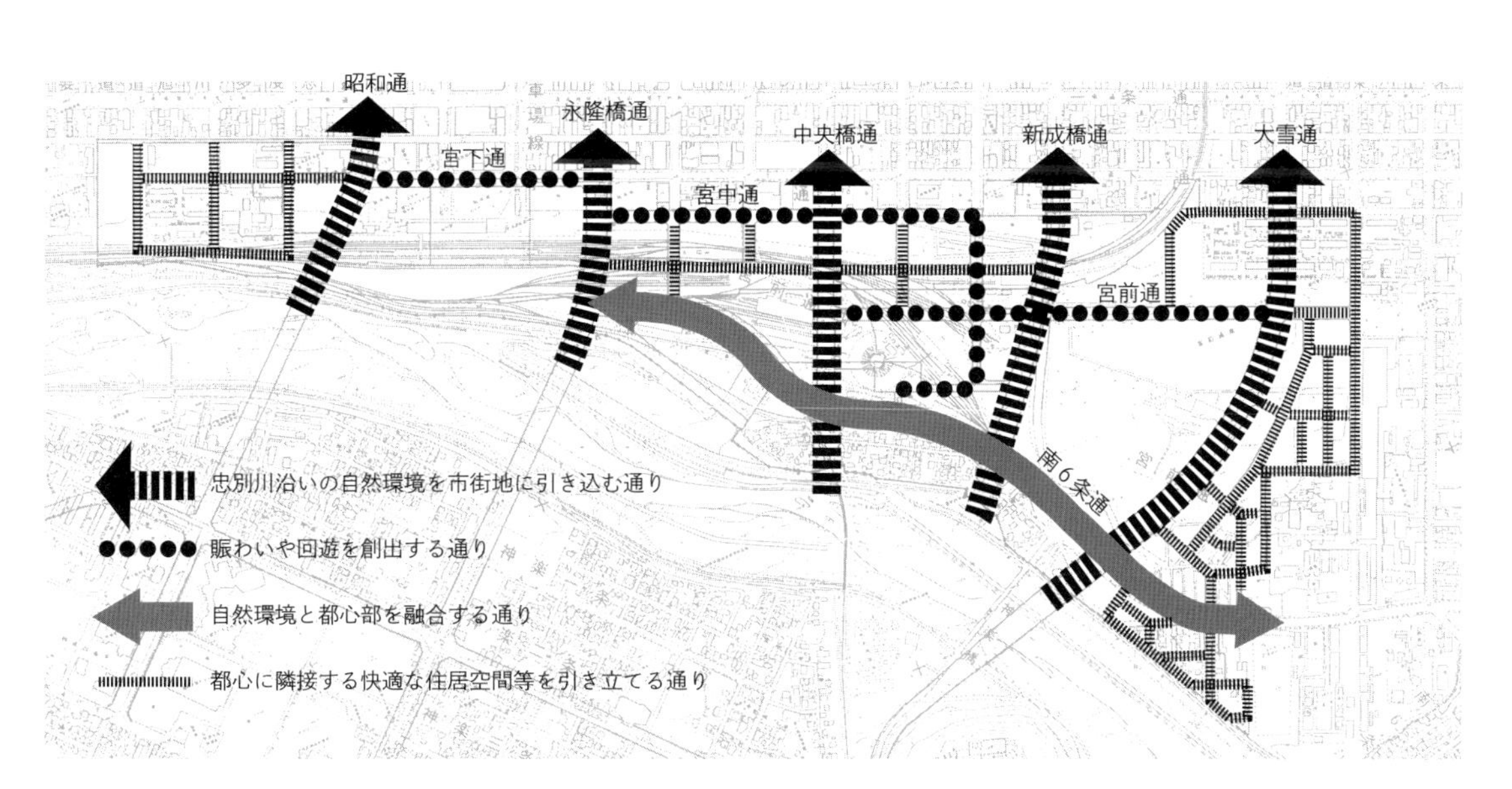

［図VI-26］通りの特性と分類。1997（平成9）年度にまとめられた北彩都あさひかわ「顔づくり計画」では、地区の都市空間構成の考え方に対応して、通りを4つの方向性に分類した

街路空間デザインの4つの方向性

街路空間デザインにあたっては、地区の「顔づくり計画」における4つの考え方を街路空間にも適用し、地区内の通りを次の4つの方向性で分類することとした［図Ⅵ-26］。

（1）忠別川沿いの自然環境を市街地に引き込む通り（昭和橋通、永隆橋通、中央橋通、新成橋通、大雪通、（駅前広場））
（2）賑わいや回遊を創出する通り（宮前通、宮下通、区画道路NO．6，11等）
（3）自然環境と都心部を融合する通り（南6条通）
（4）都心に隣接する快適な住居空間等を引き立てる通り（Eブロック、Hブロック、Aブロック、Kブロック、Mブロック）

さらに、旭川の気候や風土、地域資源、舗装材料や植物等の市場性などを踏まえ、具体的な舗装、植栽等を決定していった。なお舗装や植栽と並び、街路景観を形成する重要な要素である照明についてはトミタ・ライティング・デザイン・オフィスの富田泰行さんが参画し、協働してデザイン検討を行った。

舗装・植栽のデザイン方針

北彩都あさひかわのような大規模な開発においては、街路ごとの特徴付けを行いながらも、地区全体に統一感を与えることが重要であると考え、舗装デザインでは、①都市における「地」として捉え、人の動きを引き立てるような落ち着いたデザインとすること、②歩道部においては段差の解消等に配慮するとともに、耐久性に優れた歩きやすい舗装材を採用すること、③旭川らしさを舗装においても演出するため可能な限り地域性のある素材を用いること、④駅や広場、都市軸等といった特殊な都市施設が持つ意味を強調するような舗装デザインを施すこと、という基本方針を提示した。

街路樹等の植栽については、以下の5点を方針とした。①四季折々のまちの姿を街路樹によって演出するため、樹種は落葉樹を中心に選定すること、②南北方向の広幅員道路では豊かな緑量を有する樹種を選択し、東西方向の賑わいを演出する道路では華やかな花や実がなる樹種を主体に選定すること、③樹種の選定は、郷土木、又は北方系樹木を採用すること、④周辺土地利用の特徴や雰囲気を有効に演出することを考慮した街路樹の選定を行うこと、⑤適切な街路樹の選定により、各通りが持つ特殊なテーマ性を強調すること。

これらの方針に基づき、周囲の土地利用に応じた「場」の雰囲気、使用する舗装材のグレード、街路樹の演出特性を通りごとに分類、整理し、デザインを進めた。

主要な通りにおけるデザイン（大雪通、宮前通を例として）

大雪通［図Ⅵ-29］

大雪通は、「忠別川沿いの自然環境を市街地に引き込む通り」として分類した通りである。加えて地区外の広域幹線とつながり、車両による地区への玄関口になる通りであることから、車両のスピードで認識されることを重視した景観形成を行うこととした。

まず、緑のつながった印象的な街路景観を形成するために、歩道部と民間宅地壁面後退部の2列植栽を行うこととした。これらの植栽を一般的な街路樹の間隔（8m程度）よりも広い15m間隔にすることで、大きく生

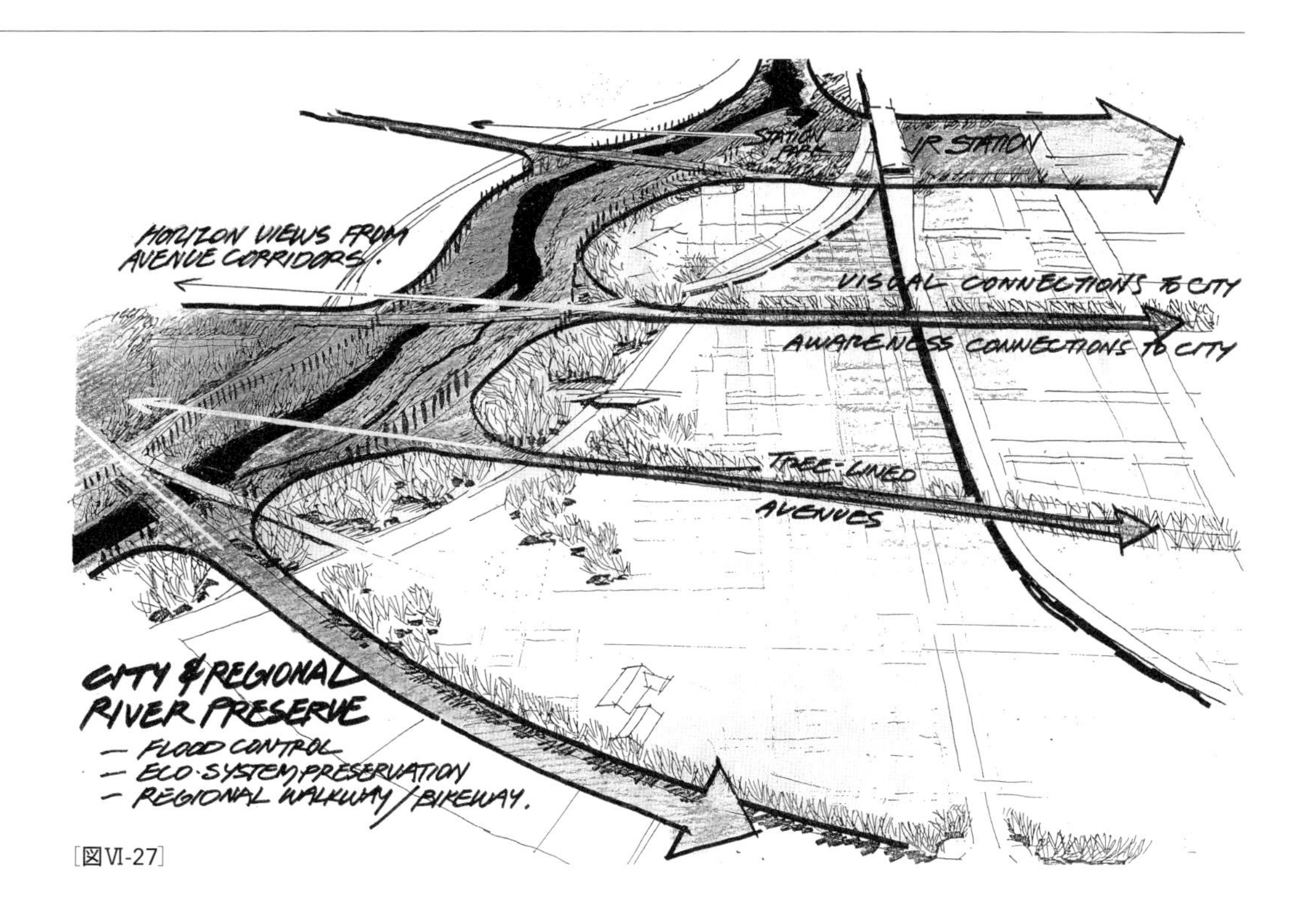

［図Ⅵ-27］

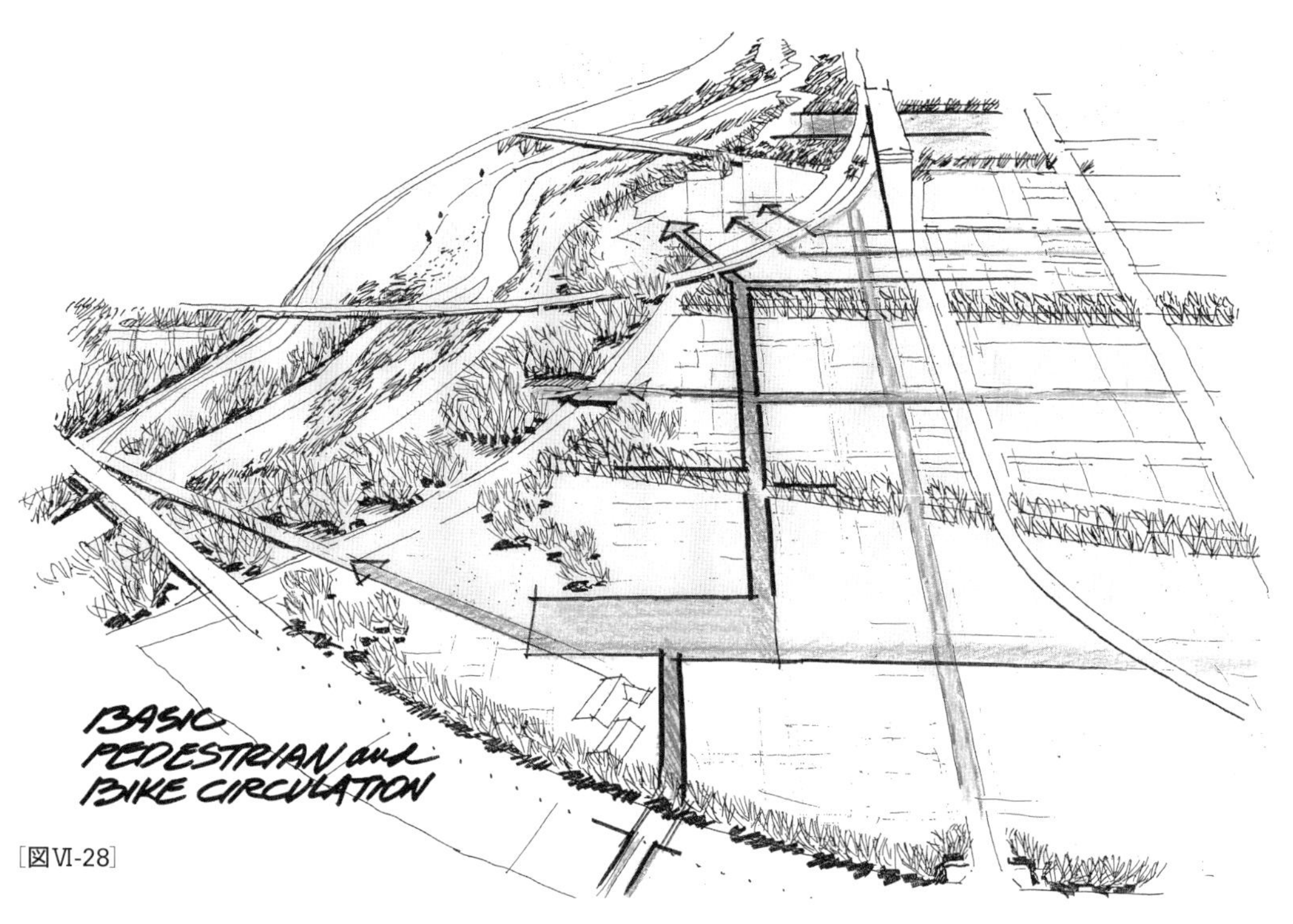

［図Ⅵ-28］

［図Ⅵ-27］［図Ⅵ-28］この地区における街路の役割。川の自然を引き込む空間としての縦軸（上図）、そして地区内の歩行者ネットワークとしての横軸（下図）。考えてみればビルは各街路について、それ以上のイメージは持っていなかったかも知れない

長することや、車両の速度であっても樹木間から北彩都地区内の景観が楽しめることも期待した。また、緑量のある大木となる樹種で、郷土木又は北方系樹木の中から「ノルウェーカエデ」を選定した。街路樹足元の植栽帯には、北国らしい青みがかった緑に特徴があり、車両の高さからの視線も遮らない地被植物であるビャクシン（ブルーカーペット）を連続させた。

歩道の舗装デザインについては、周りの街並みや街路樹の緑を引き立てる控えめな舗装デザインとして、シンプルながらもリズム感があり、街路樹や照明ポールとの連携も期待できるボーダーパターンを基本とすることとした。舗装色については、一般部は自己主張を抑えたグレー系を基本とし、ボーダー部を黒色系とすることとし、舗装材については、忠別川から採取された砂利を化粧材とした洗出し平板舗装を用いることとした。舗装のサイズについては、通りのスケールと呼応するよう一般部の舗装材は比較的大きな300×600を基本としつつ、歩行者がリズム感をもって歩けるよう目地に変化をつけた。大雪通では視覚障害者誘導ブロック（以下、誘導ブロック）の設置が義務付けられたが、一般部のグレー系の舗装材と黄色の誘導ブロックとの輝度比が2・0以上確保できなかったことから、止むを得ず誘導ブロックの両側に白色系の舗装材を敷設することとなった。舗装デザインに調和した誘導ブロックの配置のあり方については今後の検討課題である。

宮前通［図Ⅵ-30］

宮前通は、「賑わいや回遊を創出する通り」として分類した通りであり、沿道に建物が並ぶ都市的な街路として、行き交う人々の活気が感じられるような街並みを形成することを目指した。街路樹には、旭川市の木であり、華やかな赤い実をつけ冬期も雪に映える「ナナカマド」を採用することと

［図Ⅵ-29］大雪通。忠別川沿いの自然環境を市街地に引き込む通り

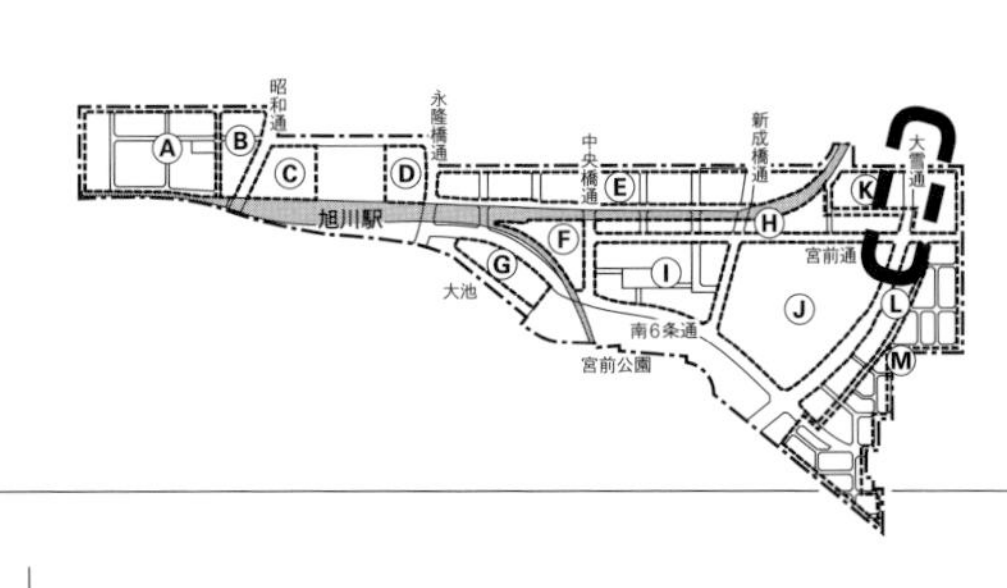

した。また、通りの両側の視覚的分断を最小限に抑え、商業空間としての通りの交流を促すために、植樹桝には低木植栽を行わず、ツリーサークルを用いることとした。歩道部の舗装材は、歩行者にとっての親密さや、賑わいの創出、温かみの演出を考慮して「レンガ」を採用した。また視覚的に単調とならないようにするため、ボーダーを２本にしたパターン演出を行った。さらに、隣接するシビックコア地区内で保存・活用することが決まっていた煉瓦造建物との連携を考慮し、建物に使われている２色のレンガ（赤系と黒系）を用いたボーダーパターンを形成することや、建物の焼きむらのあるレンガを参考に、同系色の数種類の色を組み合わせることとした。色や割合を決めるために、何度もレンガを焼きなおし試験張りを複数回行い、舗装デザインを決定した。

　レンガは、賑わい性の演出やこの地区の歴史性を表現するためにふさわしい舗装材料であるが、ブロックのサイズが小さいため、車椅子や乳母車に対して目地による衝撃が発生しやすい。従って、採用を決定する前に歩道試験舗装モニタリングとして試験的に歩道を試作し、市民に実際に歩行を体験してもらったうえで、アンケート調査等を行った。レンガの「がたがた感」が気になるとの意見もあったが、景観面も含めた歩道デザインに関しては、概ね良い意見が出されたため、採用に踏み切ることができた。最近の歩道設計においてはバリアフリーに過剰に配慮し、舗装面を平滑にすることのみに注力する傾向が見られる。しかし今回の試験舗装モニタリングで感じたのは、市民の歩道デザインへの関心は思ったよりも高く、計画地の場所性や歴史性、景観性などに配慮して、それぞれの場所にふさわしければ、レンガや小さなブロック系舗装材なども積極的に検討しても良いということである。

［図VI-30］宮前通。賑わいや回遊を創出する通り

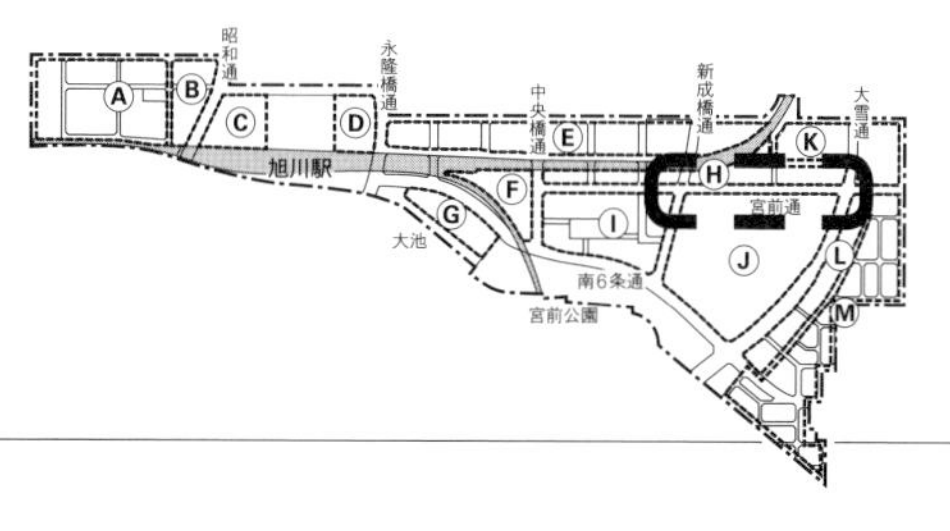

［証言……17］

街灯りへの想い

富田泰行（トミタ・ライティング・オフィス）

夜の帳が降りた北の大地の俯瞰景を機内から眺め、これからこの街の夜景とどう関わっていくのか想いを馳せながら帰路についたのはもう15年以上前のことでした。マスタープランの段階から都市スケールの照明を検討に盛り込むような取り組みは当時、まだ少なかったと記憶しています。地区全体の照明方針を立案し、各街路、各ブロックの照明環境の指針を定め、具体の絵姿に落としていく。照明の手掛かりを探るため地域特性の読み取りや関係者のヒアリングなどを通して、じっくりと計画は進められるものと考えていました。ところが、まず先行すべきは地区の南東端部に位置するMブロックと呼ばれる住宅地の具体的な照明計画でした。「全体から細部へ」が常套手段ですが、「部分の具体化から全体への拡散」もありかと自分に言い聞かせ、現地の状況に合わせデザインワークを進めました。

ほぼ平行して地区東側の南北の幹線である大雪通の設計も必要となっていました。そこで浮き彫りになったことは単独道路の照明というより、旭川中心部の既存市街地とこの新しい市街地をどのように関連づけ、光環境として連係していくかという命題でした。そこで既存市街地と新しい市街地をつなぐ5本の幹線の光の質をどのように扱っていくかに拡大し、大雪通りの光環境を決めていくこととしました［図Ⅵ-31］。幹線の光を全体の温もりある光と同じにして融合させるか、白色の光で対比させ軸性を強調するか。このデザインテーマを掲げると結構議論が盛り上がったのを今でもよく覚えています。結果として、温もりある光色で統一する方針となりましたが、その過程で既存地区との連係やソフトな骨格形成などの話題がフォーカスされたのは有意義でした［図Ⅵ-32］。

4 忠別川に架かる橋梁群

篠原 修

橋梁デザインで考えたこと

鉄道の高架橋を別にすると、今回のプロジェクトで架けた橋は新神楽橋とそれに連続する南6条通の高架橋、姉妹橋となる氷点橋とクリスタル橋、歩行者専用の南6条通歩道橋である。既存の神楽橋はその存続を巡っての議論の末、歩行者専用の橋として改修された。

「川と橋のまち旭川」というキャッチフレーズにもかかわらず、旭川には旭橋以外に見るべきものがないことは先に述べた通りである。新神楽、氷点、クリスタルの三橋は忠別川に架かる橋で、何れもが旭川駅舎や南口の駅広場からよく視認できる位置にある。また忠別川の河畔に立って上流を眺めると、市街地を流れる川としては急流であって、その流れはせせらぐ水音とともに爽やかで、北海道の川とはこういうものだったのだと改めて思う。そしてそのバックには大雪連峰から十勝岳、富良野、前富良野岳と続き、雄大なパノラマが広がるのである。ここに架ける橋はこの雄大な自然風景の点景となって風景を引き締める橋とならねばならない。上高地の河童橋とまではいかなくとも。またこれらの橋上に佇むと、従来の河畔からの眺めでは得られなかった新たな風景が展開しなければならない。こ

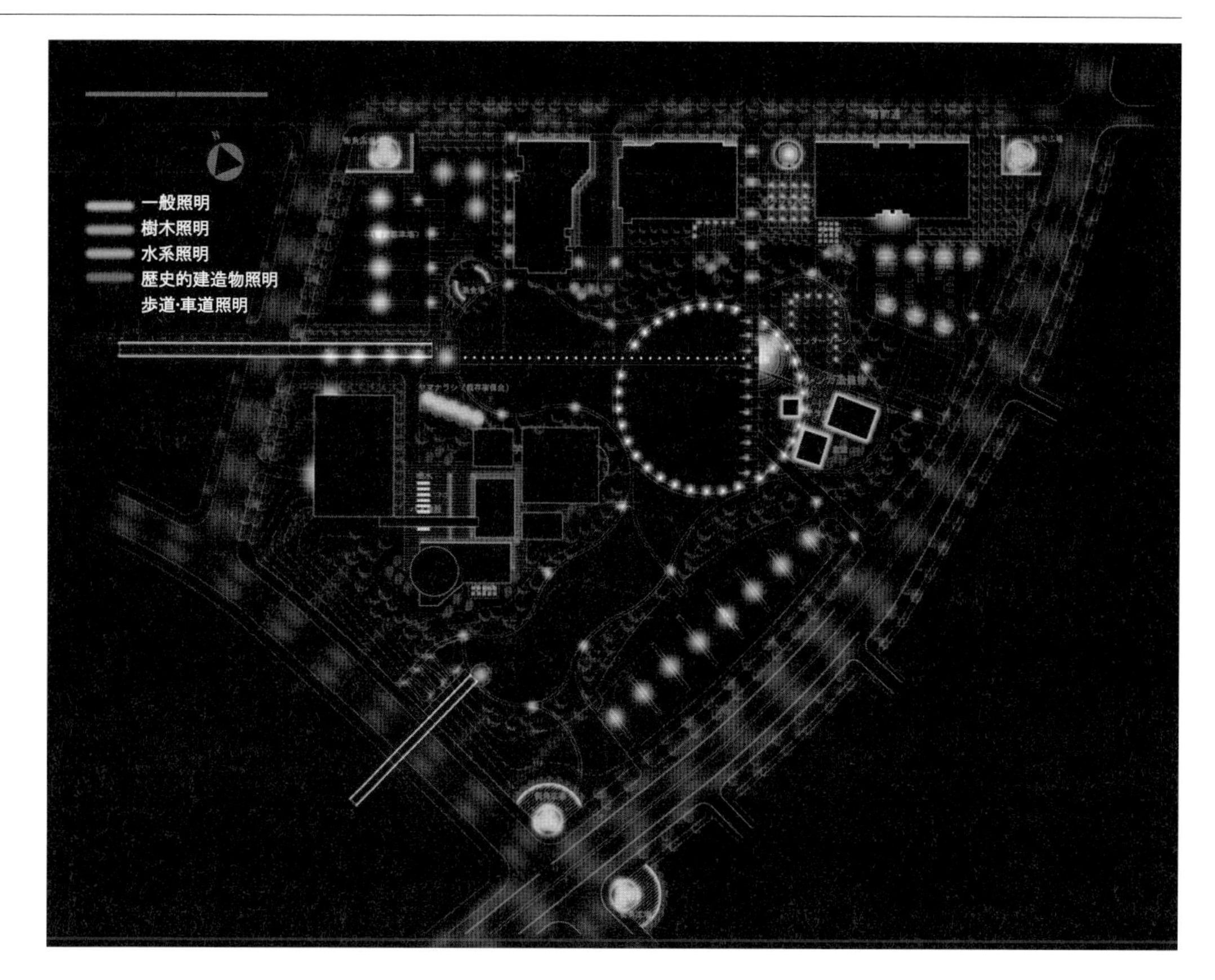

［図VI-31］地区東側の巨大街区、Jブロックのあかりの計画。地区、さらには既存の市街地とのあかりの連続性を踏まえつつ、街区内の具体的なあかりの配置まで計画した

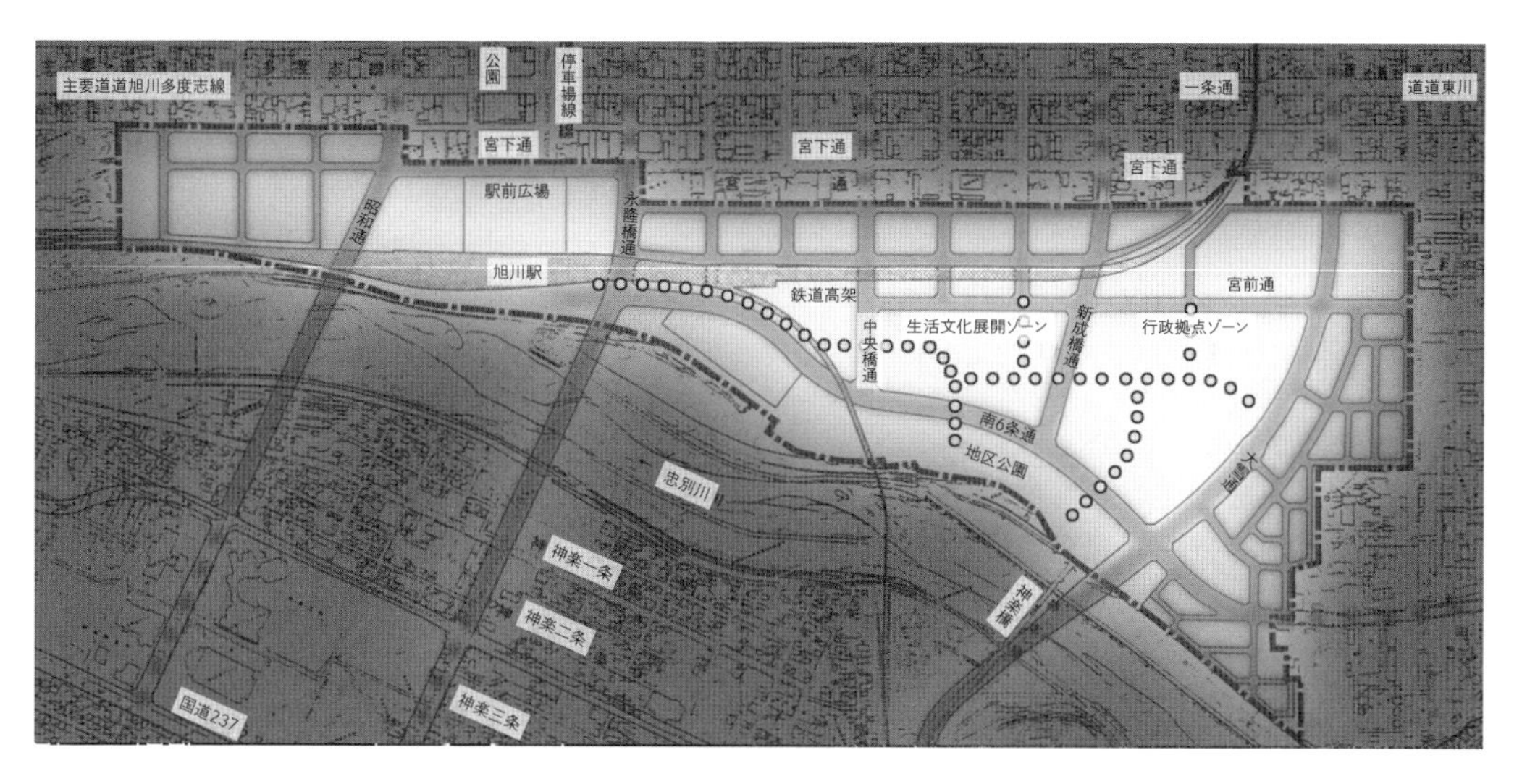

［図VI-32］地区全体の灯の配置図。結論は温もりある光色で統一することとなった

ういう思いが橋のデザインに当たって考えた事だった。

新神楽橋

大野美代子（エムアンドエムデザイン事務所）

旭川では正月、一家揃って神楽橋を渡り、神楽岡の上川神社へ参拝に出かけるとか。車道橋であった現「神楽橋」が歩道橋として残されたのも納得できる。

一方、「新神楽橋」［図Ⅵ-33］は現神楽橋に隣接して忠別川を渡る幹線道路で、都心へ向かうゲートである。都心側護岸沿いに走る市道南6条通上を越えるため、路面のレベルが神楽橋より相当高い［図Ⅵ-34］。

しかも河川上でその本線に、南6条通と接続して流出、流入する2本のランプ橋が加わる。複雑な構成の幅広の橋をいかに整えるかも大きな課題であった。そして神楽橋から近接して見える桁側面や、幅の広い橋脚による圧迫感、閉鎖感をやわらげたいと思ったのである。この緑豊かな神楽岡一帯の河川敷は、市民のリクレーションの場として親しまれている。その中で橋は遠景からも近景からも眺められ、目立ちやすい。美しい自然と橋の織りなす風景が、魅力的なコラボレーションとなるか。

篠原先生と相談しながら、本線と流出入するランプの間にアーチリブの立ち上る下路式アーチ橋を提案。水平方向につなぎ材のないタイプで落雪の危険も少ない。もちろん、構造設計担当の北海道開発コンサルタントの外山氏とも相談しつつである。低めに抑えたなめらかなアーチ曲線が風景に馴染みながら適度に目立ち、ランドマークの役割を果たす。橋脚も少なくなり、川面に開放感をもたらした。

一方橋上では本線部が両側のアーチによって明確になり、アーチの外側に流入部、流出部が区分される。道路としてわかりやすいなどの効能もあるが、橋の形としてもメリハリがつく。また、桁の圧迫感を和らげるために桁断面を逆台形とし、歩道部を張り出してブラケットで支えた。しかし、取りつけ部は鈑桁となり、スムースな連続性の得られなかったことは少々残念。

橋上のアーチリブについては、逆台形の断面に細いパイプ状の吊り材を組合せて透過性を高めるなど、遠景として見えるアウトラインはシンプルに、近景にはヒューマンスケールを心がけた。

このプロジェクトを進めるに当たり、全体会議で周辺のランドスケープや駅舎の計画を総合的に見るチャンスのあったことは幸いであった。特にランドスケープ担当のビル・ジョンソン氏の美しいスケッチの数々には大いに感激。その中に新神楽橋がうまく馴染むだろうかといささか心配したものである。

色彩については雪景色の中、大きなパネルで発注者の北海道旭川土木現業所の方々と検証し、桁色を現地に馴染みのよい彩度・明度の低いグリーン系に、アーチ部分はその明色とした。

駅舎や鉄道高架橋に先がけ、南6条通を越える高架橋ともども2003（平成15）年8月29日に開通した。

姉妹橋としての氷点橋とクリスタル橋

中井祐（東京大学大学院 教授）

氷点橋［図Ⅵ-35］とクリスタル橋［図Ⅵ-36］には、川を中心としたランドスケープを形成するという役割が、上位計画によって明確に示されていた。橋単体の造形や象徴性で勝負するのではなく、忠別川の滔々とした流れや

[図Ⅵ-33]新神楽橋。都市のゲートとして、雄大の山岳群の点景として

[図Ⅵ-34]南6条通高架橋

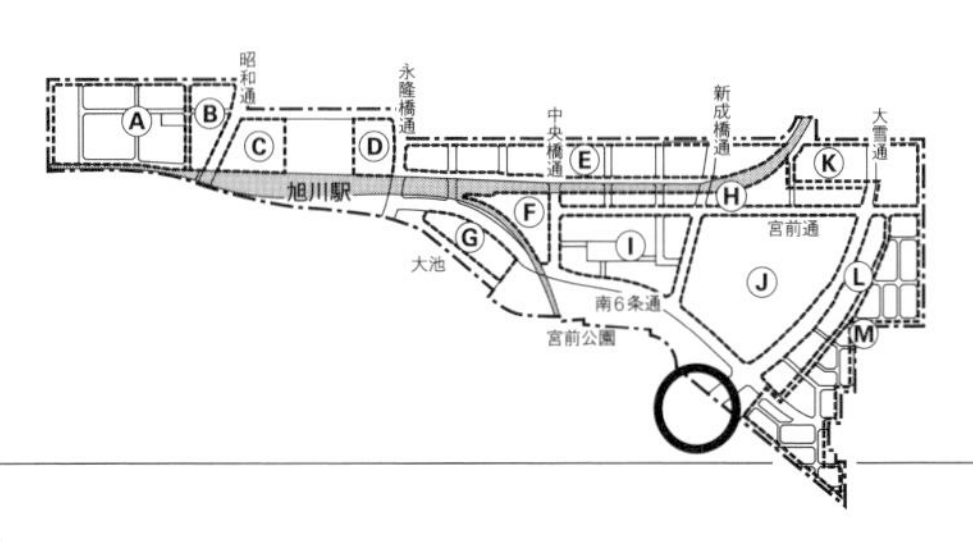

[図Ⅵ-35]氷点橋。いつも周囲に気を遣ってあまり目立とうとしないお姉さん

[図Ⅵ-36]クリスタル橋。嫌みなく自己顕示するすべを知っているすこし勝ち気な妹

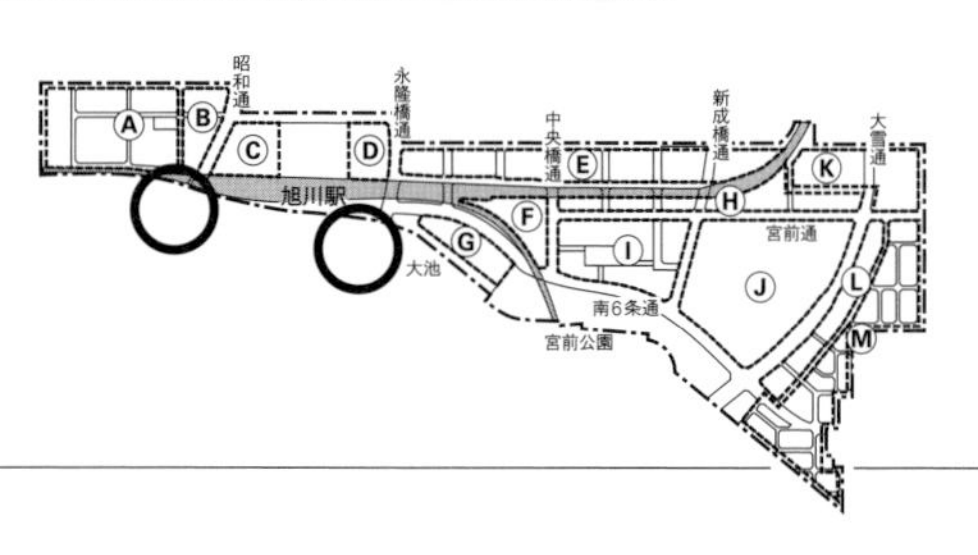

遠く大雪の山並み、そしてあらたに建ちあがる旭川駅を主役に、一歩脇に控えた洗練した佇まいを示すことが求められた。

加えてこの二橋は、新生旭川駅を上下流から挟み込むようにして忠別川をまたぐ、隣接橋である。距離約４００ｍ、相互に見渡せる近さにあり、ペアの姉妹橋としてデザインするというコンセプトからスタートしたのはごく自然なりゆきであった。つまり、二橋のデザインにどのように調和と対比を与えるかが、主たるデザインテーマとなった。

日本の近代橋梁デザイン史をひもとけば、ペアの橋としてデザインされた著名な歴史的事例が、すくなくともふたつある。場所はともに戦前の東京、帝都復興事業の一環として国が建設した永代橋・清洲橋と、大正初期に東京市が建設した鍛冶橋・呉服橋である。前者はともに鋼橋、下路アーチと吊橋の組み合わせ。後者はともに上路アーチであるが、コンクリートと鋼を使い分け、さらに場所性に応じて装飾の様式やデザイン密度に差をつけて対比を強調している。橋種、橋梁形式、場所性。この三つが、ペアの橋としての調和と対比を生む基本要素である。まず、旭川市内の既存橋梁がほとんど鋼橋であることから、二橋の橋種をＰＣで統一し、コンクリートの素材感によって対のデザインであることを明示したうえで、周囲の風景を生かすために上路橋で統一することを基本方針に定めた。同時に、場所性の差を径間割や構造形式に反映させることで、二橋の対比を図ることとした。

氷点橋の架橋場所は、澪筋が左岸寄りに偏っており、また右岸側では途中で河川公園の重要な動線である霞堤と交差する点に特徴がある。そこで、主径間の位置を澪筋にあわせつつ霞堤との接続がスムースになるように全体を非対称の径間割とし、またクリスタル橋からの大雪山の眺めを意識して、可能なかぎりスレンダーな変断面の連続桁として計画した。そして霞堤の駅寄りの大池から流れでるせせらぎの上に架かる氷点橋の部分には径の小さい丸柱のピアとホロースラブ桁を採用した。大池を巡る苑路がせせらぎに沿って伸び、人がこの橋の下を潜る計画になっているからである。圧迫感を最小にしなければならない。

一方のクリスタル橋は、橋全体が氷点橋から正対して眺められる場所に位置するので、それ自体が視対象として成り立つよう、全体を対称の径間割として自己完結的な形を与え、また氷点橋よりは量感をもつ４径間連続のバランスドアーチを提案した。以上のコンセプト検討は、筆者と、当時研究室に在籍していた崎谷浩一郎君（現在eau代表）が中心に行ったが、設計は、氷点橋は構研エンジニアリングの木村和之さんのチーム、クリスタル橋は北海道開発コンサルタントの畑山義人さんのチームが担当し、ともにペアの橋というデザインコンセプトを生かした、洗練された橋に具体化してくださった（なお、畑山さんチームの設計検討の過程で、クリスタル橋の構造形式は、剛結支点を持つ変則ラーメン箱桁橋に変更になった）。周囲との調和を旨としつつも場にふさわしい一定の存在感を主張する、二橋のいいバランスが実現していると思う。あえて例えれば、氷点橋はいつも周囲に気を遣ってあまり目立とうとしないお姉さん、クリスタル橋は嫌みなく自己顕示するすべを知っているすこし勝ち気な妹、といった感じだろうか。

篠原 修

南６条通の歩道橋

南６条通の歩道橋は掘割状の街路となっている南６条通をまたいで歩行者動線をつなぐ橋として計画された。ビル・ジョンソンのスケッチでは

[図Ⅵ-37]パークウェイとして描かれたビル・ジョンソンによる南6条通のスケッチ

[図Ⅵ-38]南6条通歩道橋の姿

いかにもスレンダーで周辺の緑に溶け込む橋として描かれている［図Ⅵ-37］。

無論そのようなものでありたいのはやまやまであるが、構造を考えるとそうもいかない。北海道開発コンサルタントの畑山義人と議論の結果、橋脚部を三角形の構造で固めて可能な限り桁厚を薄くすることを考えた。ビル・ジョンソンのイメージした丘陵間を結ぶ橋となっているのではないかと思う。この橋で苦労したのは冬季に開催される歩くスキーのコースとなっていることで、圧雪した上をランナーが走るので、高欄の高さが通常の１，１００mmプラス９００mmとなることである。類例がないので、オリジナルの照明付き防護柵をデザインした。雪のない時にここを通ると２ｍもあるので、多少違和感があるのは否めない。ただし旭川とはこういう所なのですと説明するにはいいのかもしれない［図Ⅵ-38］［図Ⅵ-39］。

［証言……18］

クロスカントリースキーのための橋

畑山義人（北海道開発コンサルタント）

２０１１年春、翌年３月から北海道を代表するクロスカントリースキーの大会であるバーサーロペットジャパンのコースとして宮前公園とシビックコア地区を使うことが決まり、それまでに南６条通を跨ぎ両地区を結ぶ歩行者専用橋が建設されることとなりました。

計画条件として、南６条通の緩傾斜掘割構造の持つ開放的な空間を阻害しないこと、四季を通して橋上からの眺望性を確保すること、冬季は大会だけでなく歩くスキーのコースとして常時一般開放されること、そして宮前公園を象徴する構造物としての個性を有することが求められました。また、何よりも設計開始時点から15か月後の竣工が絶対条件とされ、詳細設計５か月、発注準備２か月、工事８か月（南６条通の交通を確保しながら）で完成可能な構造案にしなければなりませんでした。橋梁の幅員（８ｍ）は冬季のスキーコースから決定し、常に積雪または圧雪がある状況下での耐久性・耐震性、スキーで滑走する利用者に対する安全性・快適性および橋上からの落雪防止などについて検討しました。最も難しかったのは緩傾斜掘割構造の開放的な空間イメージをどう保持するかでしたが、橋台が不要なＰＣ斜材付きπ型ラーメン構造とし、かつ床版の張出しを大きくすることで対応しました［図Ⅵ-38］［図Ⅵ-39］。冬季の積雪・落雪を考慮して防護柵は高さ２ｍ（下段は壁）にする必要があり、それによってここでしか見られないオンリーワンのデザインにまとめることができたものと思います［図Ⅵ-40］。

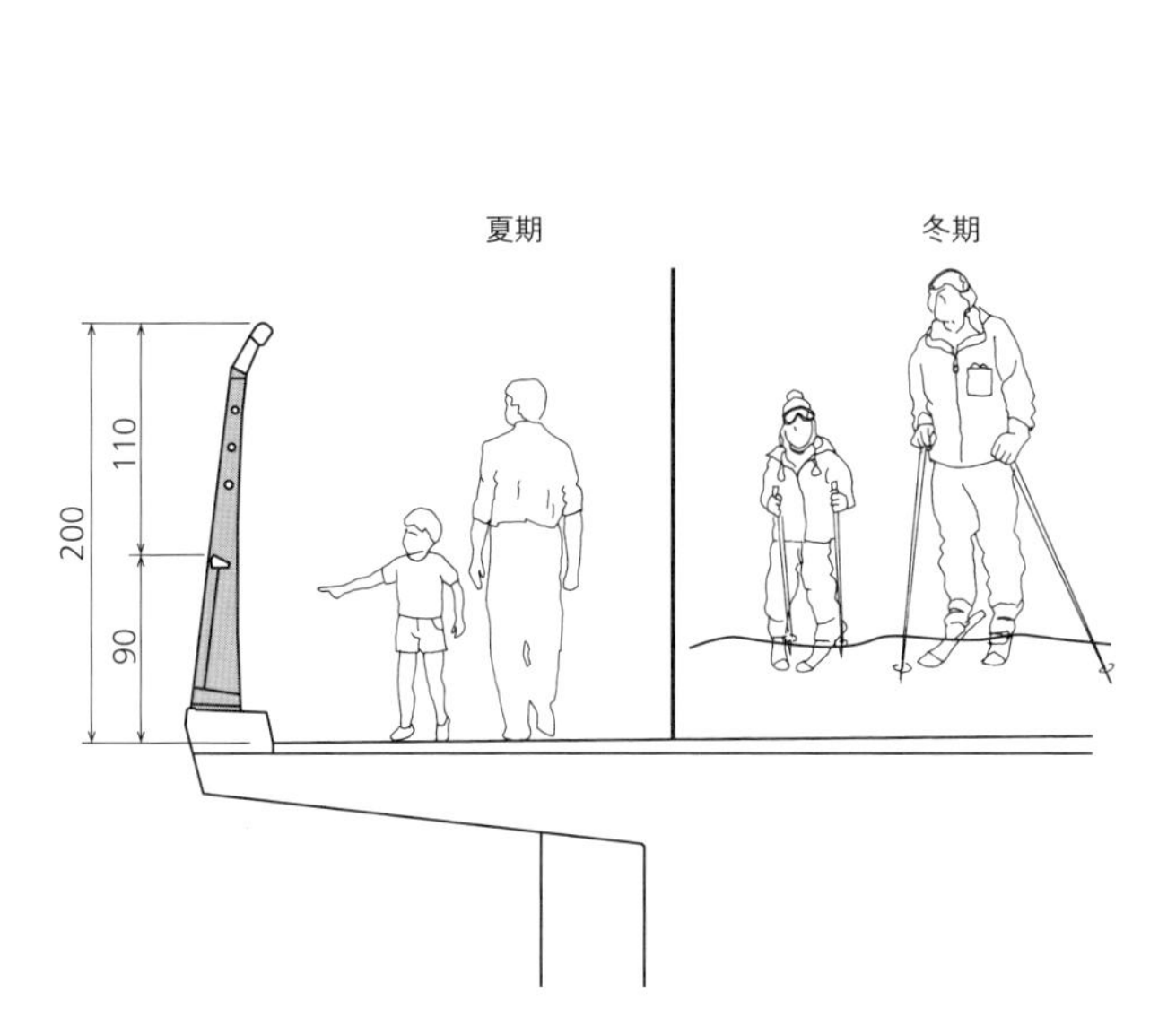

［図Ⅵ-39］冬季のスキーヤーによる利用も考慮した高欄

[図Ⅵ-40]クロスカントリースキーの大会コースとしても使われている

[図Ⅵ-41]駅前までいたる忠別川沿いのコースで歩くスキーの大会が毎年行われる

(撮影:大西均)

第Ⅶ章

四半世紀に及ぶアーバンデザインの成果

I 検討された多様な整備計画

高見公雄

旭川駅周辺整備の計画づくりでは、さらに多様な整備内容について検討が進められた。各種の事情により実現されなかった幻の計画を挙げておく。

多岐にわたった検討

旭川駅周辺整備の検討が活発に行われるのは１９９２（平成４）年度からであり、各年に実施された市委託に係る調査業務を振り返ると、92年度が２本、93年度８本、94年度14本、95年度15本、96年度19本とピークを迎え、その後集約に向かう。本稿の幻の計画に関係する業務としては、スカイウォークなどの可能性を探る高次都市基盤施設調査、地場産業に関連する展示機能について検討したテーマゾーン導入施設調査、地区熱供給システム調査、都市運営・管理方策調査、駐車場計画調査などの名称が見られる。

カバードウォーク、動く歩道、人工地盤

地区が東西に長く、この地区の主要な街区となる街区群と駅はかなり距離があることから、動く歩道をそなえたスカイウォークを鉄道高架沿いに整備して、地区中央まで歩行者を運ぶことについて検討が進められた。当時はバブル経済期の末期にあり、鉄道跡地関連の開発プロジェクトでは、人工地盤を備えた歩行者空間整備の計画が当たり前のように進められていた。１９９４（平成６）年度の報告書を開いてみると、このようなものを真面目に検討していたことが、少し不思議に思える。多額の建設費に加え、

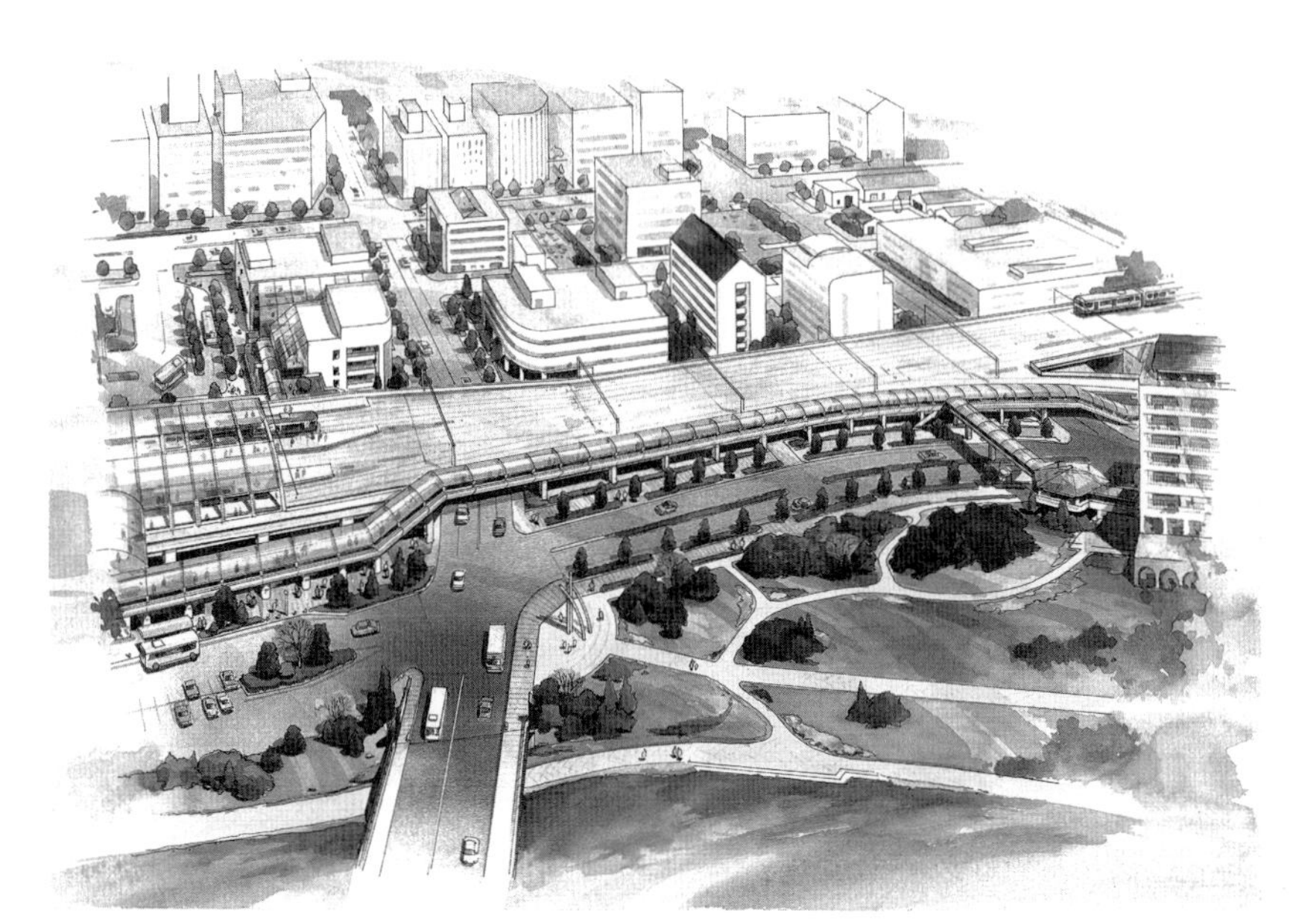

[図Ⅶ-1]駅から高架橋に沿って伸びるスカイウォーク。寒冷地対応として当時は真剣に検討されていた

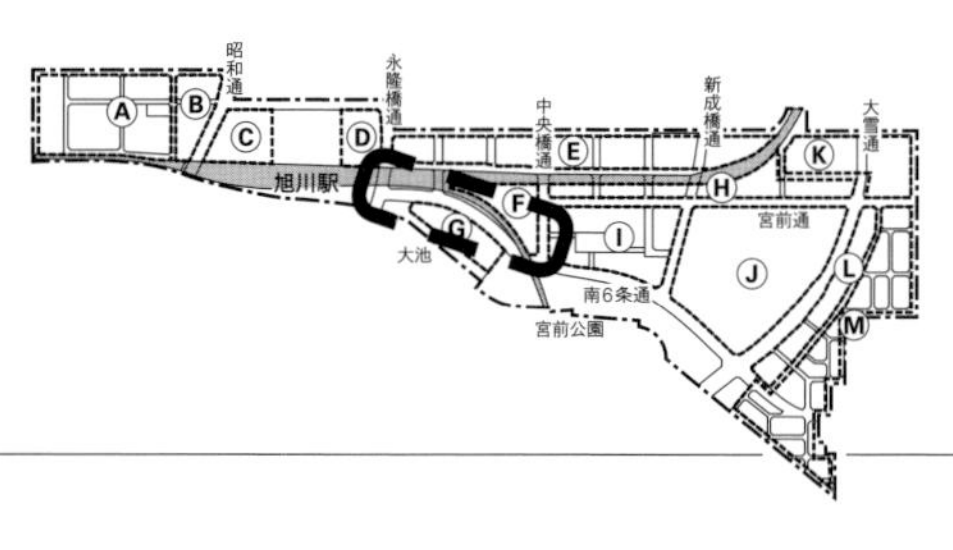

膨大な維持管理が発生するこれら施設について、事業化の過程で消えゆくことは自然なことであったかも知れない［図Ⅶ-1］。

［証言……19］

テーマゾーンの提案

三宅誠一（ビーエーシー・アーバンプロジェクト）

旭川駅周辺整備におけるテーマゾーン計画推進への協力要請があったのは、1996（平成6）年でした。私たちは商業コンサルタントとして主に民間デベロッパーの所有物件の有効利用などのコンサルをしていました。それまでも、建築設計事務所やゼネコンなどと協働することは多々ありましたが、本件のようにまちづくりの視点から、広く建築家、ランドスケープデザイナー、都市計画事務所、学識経験者、行政など、多岐にわたったコラボはあまり経験のない機会でした。実施スケジュールに関しても長期的スパンでの開発計画であり、変化の著しい商業施設と、永続的視点で検討すべき都市計画施設との融合は新鮮な体験でもありました［図Ⅶ-2］。

当時の商業トレンドとしては

（1）郊外化の進展に伴う中心部商業の相対的停滞
（2）外資系商業テナントや新業態の参入
（3）百貨店や総合スーパーの停滞（専門大店やカテゴリーキラーの進展）
（4）様々な集客施設（シネコン、ゲームセンター、温浴施設、テーマパーク等）の出現

があげられ、旭川の商業環境にも影響を与えつつありました。

［図Ⅶ-2］テーマゾーンの完成イメージ（当時）。残念ながらその後の経済変化などもあり、旭川家具をテーマとしたテーマゾーンは実現していない

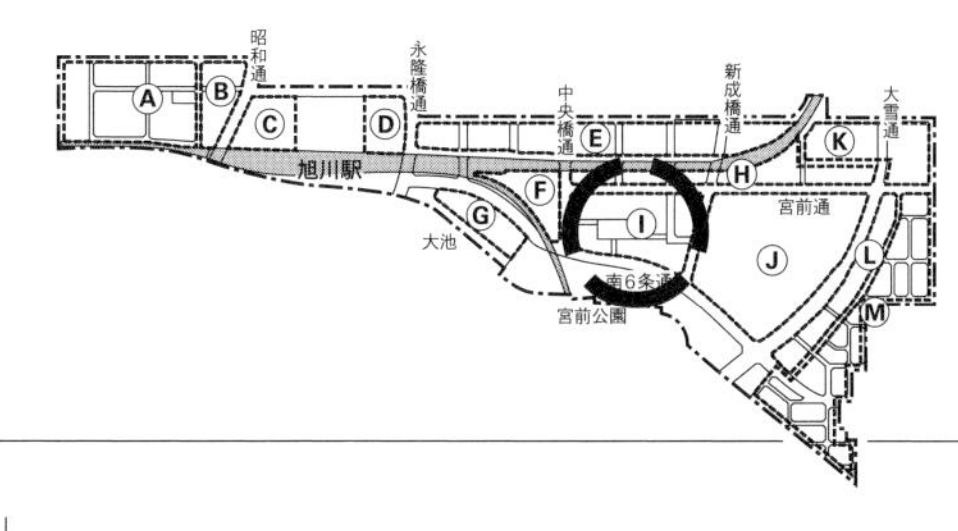

テーマゾーンを検討する上でも、これら商業トレンドの背景にある「モノ消費からコト消費志向」「品揃えの幅や奥行を持った専科型商品構成」「自己実現や体験欲求」といった、生活者ニーズに対応するとともに、一方で、旭川に固有なシーズを生かし、ここにしかない特色を持ったテーマゾーンとすることを目指しました。具体的には、旭川家具展示場・北海道家具ショールーム・家具ミュージアムなど最大の地場産業としての家具産業情報発信拠点、ガラス・陶磁器・照明器具など、北の暮らしとデザインをテーマにした工房付帯のクラフトショップ、旭川の食品・食材を一堂に会したマーケットプレイスや「衆食パーク」などで構成し、駅前商店街の活性化にもつながるような、市民＋観光集客型テーマゾーンを提案しました。

［証言……20］

地域熱供給計画。建物は繋がれなかったが、心は繋がれた

鈴木俊治（日本環境技研）

本地区で地域熱供給計画が検討されたのは1994〜98（平成6〜10）年でした。新しく商業、業務、行政施設が集約され、相当の量・密度を持った熱需要が想定されたことから、熱源設備をプラントに集約し、導管で地域に冷温熱を供給するシステムは省エネや環境保全効果が期待され、実現可能性があると考えられました。旭川のような寒冷地は冷房よりも暖房給湯用の熱需要が高く、地域熱供給が面的に普及しているドイツや北欧諸都市と類似しています。

エネルギー効率を高める熱源として期待されたのが、下水賦存熱でした。下水は年間通して安定的な量があり、水温は冬季でもおおよそ10℃程度以上と外気温より高いため、熱源として有望でした。そこで

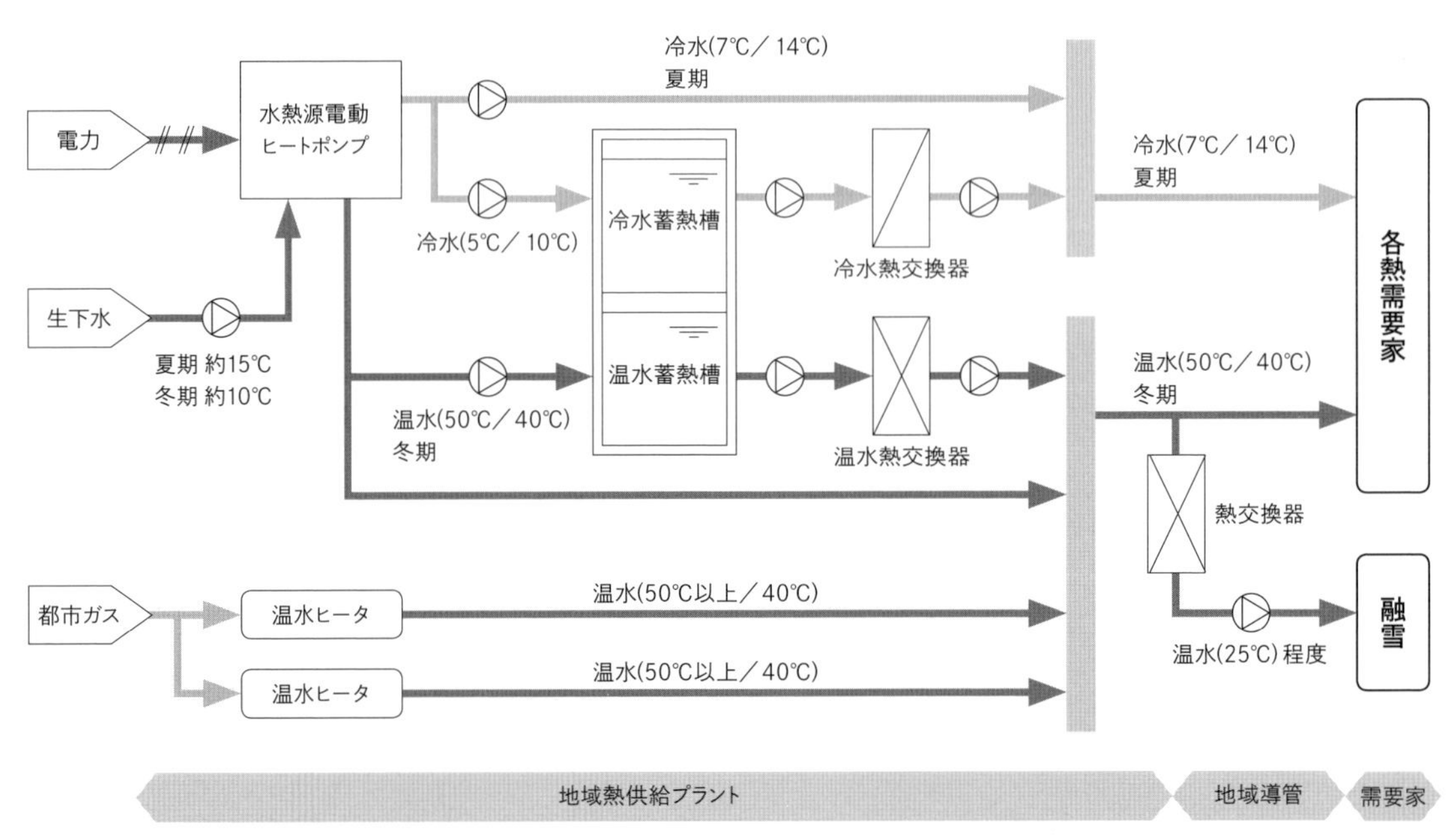

［図Ⅶ-3］下水賦存熱を活用した地域熱供給システムの構成概念。熱量計算、機器導入計画まで検討した

下水熱利用のヒートポンプを基本とする熱源システム計画、地域導管計画、事業計画などを作成しました［図Ⅵ-3］。

しかし、建物側の熱需要（建物用途や規模）や営業開始時期が不確定である一方、インフラとしての下水や地域導管は早期に整備が必要である等の理由で、地域熱供給は実現されませんでした。当時としては最先端の技術を用い、下水賦存熱の利用といういわば熱の地域リサイクルを目指したコンセプトは合理的で、社会情勢が異なれば実現していた可能性は高いと考えています。そのようなシステムの構築を目指して、官民の関係者がチャレンジしたことは意義があったと思います。

私個人としては、このプロジェクトを通して旭川市、都市計画やランドスケープのコンサルタントなど数多くの方々と知り合い、その後も継続的にお付き合いいただいており感謝に堪えません。旭川では熱供給導管はできませんでしたが、多くの人たちが熱いネットワークでつながれたことは財産だと思っています。

2 調整のデザインは何を残したか

高見公雄

このまちに予備知識の無い人が訪ねて感じるのは、「川沿いがなんかすごいぞ」、「駅と高架橋が凝ってるな」、という感慨ではないかと思う。まちは誰がつくっているのかなんてことは、殆どの人は気にしていないから、直接見えるものでのみ、そのまちを感ずることになる。舗装やストリートファニチャーなど頑張れば、おっ、ということにはなるが、ここではそう

［図Ⅶ-4］予備知識無しで訪れた人は、駅と高架橋、川沿いの空間に驚くだろう。手前は生態階段、左奥に旭川駅が見える

［図Ⅶ-5］氷点橋の親柱サンプルにて現地で議論する加藤、篠原と関係者。会議を含めデザイン調整の場は20余年で幾度あっただろうか

いったことは主要なテーマにはならなかった。しかしこのまちは本当に多くの人の合作であり、他になかなか例をみない程関係者の労力をつぎ込んでここまできた。

本書冒頭で篠原が「江戸の仇を長崎」と書いているが、加藤の気持ちの中にそれは強くあった。帯広で口が出せなかった鉄道施設について、調整範囲とならないのなら多分この仕事は断っていた。そして各所で経験してきた土地利用実現面での工夫、丸亀で進めた関連する建築物の一体的調整、そして鉄道駅本体を水準高いものとする、この全てを実現すべき場、それが旭川であった。このため、旭川のプロジェクトでは、計画を固め、事業化する段階の前捌き、すなわち総合調整者である加藤が扱える項目、範囲を極力拡げること、そして具体的にデザインを担当するデザイナー選定において、調整者の意志が反映されることなど、市との間で議論、調整が進められた。常にそれが叶えられないならこの仕事からは手を引く、と私たちは構えていた。今思えば大変な強気であったと言える。それに旭川市はよく応えてくれた、内容の決定についてはほぼ全権、その後の業務発注についても事前相談というような立場が民間プランナーである加藤源に与えられたのである。

20余年係われたことで基盤はできた

調整により生み出された都市空間など、言われないと分からないし、言われても良く見えないかも知れない。しかしこの街の骨格は初期に議論をし尽くし、河川環境をまち中に引き込むとのコンセプトに基づき、それぞれの箇所はつくられている。

このしっかりした都市基盤、環境基盤はなぜつくり得たかといえば、20余年に渡り、加藤を全体調整者と位置づけ、私たちを途切れなくこのプロ

［図Ⅶ-6］ストリートエンドパークからまち側を見る。なかなか建物は建たず、スカスカの街であることが残念

ジェクトに係わらせてくれた旭川市の取り組みの成果である。最初から最後まで任されるから時間をかけた壮大な取り組みが可能なのであって、年度単位で仕事をブツ切りにされていたら、対応は異なる。まちは長く使うものであるから、その基盤をしっかりつくることが重要だと思う。建築家には悪いが、都市基盤に比べれば建築は寿命が総じて短い。長期間に耐える都市基盤をしっかりつくることが重要で、その上に建つ建築によりつくられる街並みは時代とともに変化していく。自動車利用型の郊外店舗のようなものが建つために、現在は閑散とした街並みであることを否定できないが、これらを支える道路などの基盤、そしてその上に仕掛けられている緑地系の造りは将来に残る環境装置と言って良いと思う。

街並みの誘導は途半ば

この地区は、街並み形成の面はまだまだである。公共施設で固めているJブロックは、円環広場などのオープンスペース、それぞれの公共建築物とも概ね当初の狙い通りにできた。問題はその他の街区にある。その他の街区についても「街並み形成協議会」として、建築物が具体化する度に設計図を以て同協議会の場で審議し、必要な調整を加えてきたが、例えば街並み形成の観点からもう少し大きな建物にして欲しいなどは無理な相談であるから、商業系の利用などではスカスカ感はどうしようもない。また公営住宅の街区など密度はある程度あるものの、敷地単位でまとまっていて、地区全体のランドスケープとの対応には至っていない。公共事業費で作っていくものについて、調整役は十分に機能したが、民間による敷地利用の促進までは至らない。当初の事業目的に立ち返り、地区内にとどまらず、新しく架かった3本の橋により、忠別川左岸地区の土地利用の充実も期待されるし、その誘導をしっかり行っていく必要がある［図Ⅶ-8］。

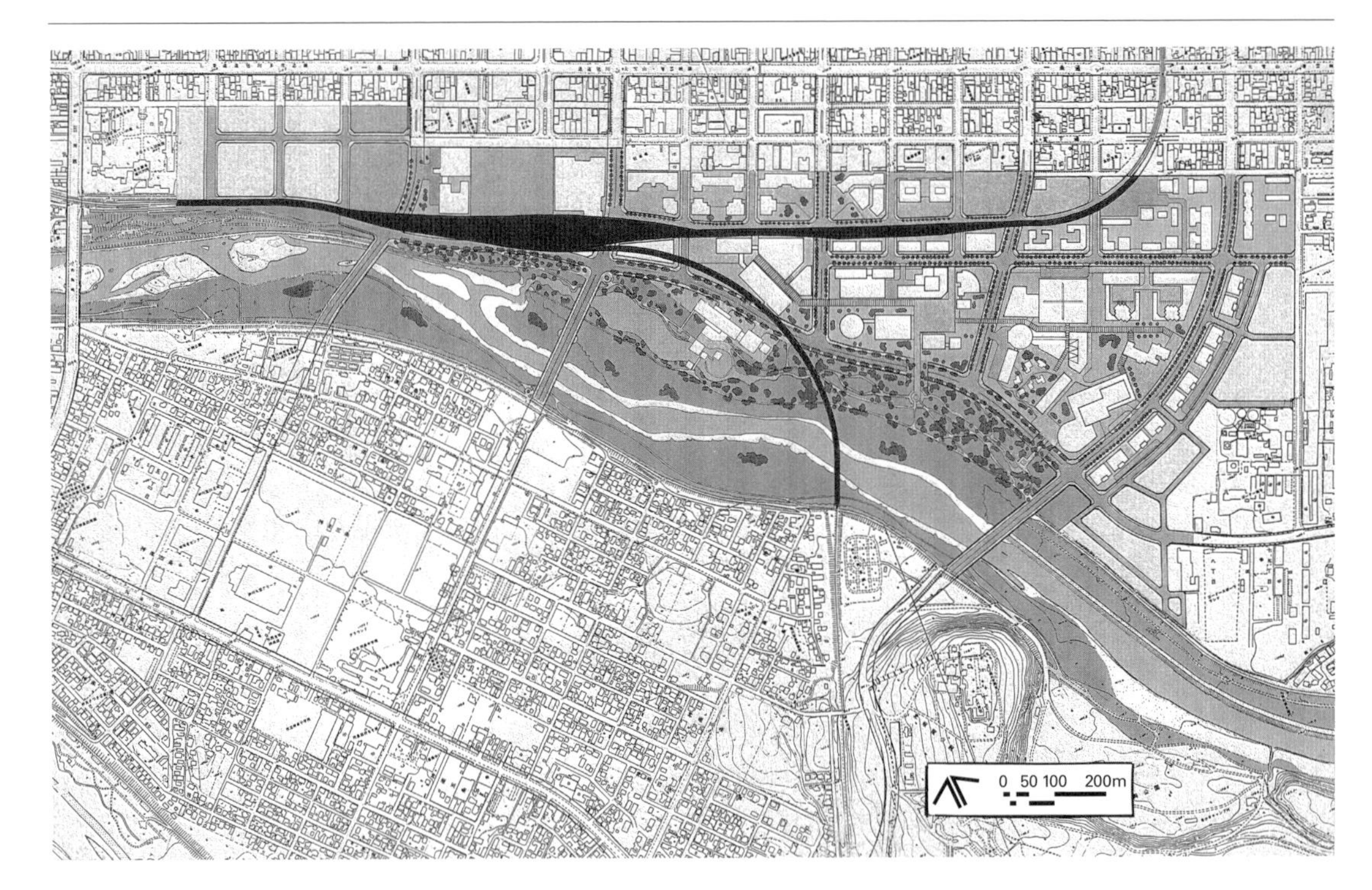

[図Ⅶ-7]1994年3月時点の地区のマスタープラン。PWWJが参加する半年前に描かれた。これがその後に発展していく訳であるが、自分たちが描いた下敷きだから頑張れた面もある

[図Ⅶ-8]街並みというにはほど遠い地区の現状であるが、街並み形成協議会に、順次建物建設計画は挙がってきている

3 市民にとっての北彩都あさひかわ

大矢二郎（北海道東海大教授）

人口の減少、超高齢社会の到来を控えて、自然豊かな河川と市街地を一体化する「都心ルネッサンス」を目指した駅周辺開発北彩都あさひかわは市民にとってどのような意味をもっていたのか。

市民にとって川とは何だったか

旭川は比較的、自然災害の少ない街と言われてきた。実際に明治以降、地震や風による甚大な被害を被ったことはほとんどない。ただ、河川の氾濫は何度も経験している。1898（明治31）年に起きた上川地方の大水害、1915（大正4）年、1922（大正11）年の浸水被害、1931（昭和6）年と翌年の洪水などが記録に残っている。古い地図を見ると時代ごとに川筋が大きく変わっていて、治水事業で堤防が整備された現代でこそ河川の氾濫や堤防の決壊はほとんどなくなったが、かつては大雨ごとに氾濫を繰り返していたことが分かる。

「川のまち」と言われる旭川ではあるが、市民にとって市街を流れる川はこれまでどのような存在だったのか。ヨーロッパのライン川やドナウ川、アメリカのミシシッピー川あるいは中国の揚子江のように川幅、水深ともスケールが大きく舟運が発達している河川とは異なり、旭川のそれはいずれも急流である。開拓時代、石狩川に渡船場があった形跡はあるが、橋梁の整備と共に姿を消した。街を貫流する河川には浅瀬もあり、流れに沿って船を操ることは不可能である。氾濫の危険をはらむ川は市民にとって永く防御の対象であった。

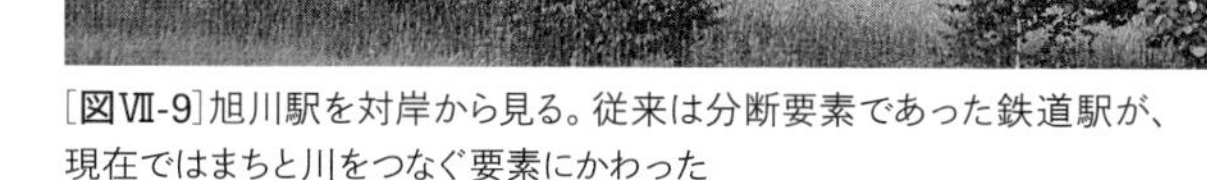

[図Ⅶ-9]旭川駅を対岸から見る。従来は分断要素であった鉄道駅が、現在ではまちと川をつなぐ要素にかわった

川と人の関わり

忠別川は中心市街地の南を走るエッジとして、並行する鉄道線路と共に永く人や車の横断を拒む境界であった。

北彩都あさひかわ事業で鉄道の高架化と忠別川の河川空間整備が施されたことにより、線路と直交する全ての道路が高架下を通って忠別川河畔へ容易にアクセスできるようになった。川の両岸は堤防の緩傾斜化と河川敷に散策路が施され、都心と連続する水と緑のオープンスペースが出現した。［図Ⅶ-10］右岸では「北彩都ガーデン」が駅南広場から上流の地区公園にかけて整備され、Gブロック前には川から水を引き込んで静水面としての大池が造成された。南6条通を走ると両サイドに展開するなだらかなアンジュレーションが一瞬、都心にいることを忘れさせる。さらに街路事業により3本の橋が新設された。これまで中心市街地から川向うの神楽地区に行くには駅から見て上流にある神楽橋か下流の忠別橋（その間隔は直線で約1・8km）を渡るしかなかったが、拡幅して切り替えられた大雪通の新神楽橋、旭川駅の東西に氷点橋とクリスタル橋が架けられて両地区の交通環境が格段に向上した。橋はまた、その上を通行する歩行者や運転者に河川空間を見晴らす格好の視点場を提供する。2011（平成23）年秋、約半世紀ぶりに忠別川を遡上するサケが確認された。石狩水系の水質向上と魚道の整備が2年前に放流した稚魚を回帰させたのだ。翌年以後も遡上は続いており、時節になると橋の上から魚群を眺める市民が増えている。忠別川は市民の日常生活と密着した親しみ深い空間に変貌した。

コンパクトなまちづくり

過去については補章「旭川・街の成り立ち」にまとめたので、ここでは今後の街の姿を考えてみる。

［図Ⅶ-10］駅から連続する北彩都ガーデンと呼ばれる緑地、忠別川へ空間は繋がっている

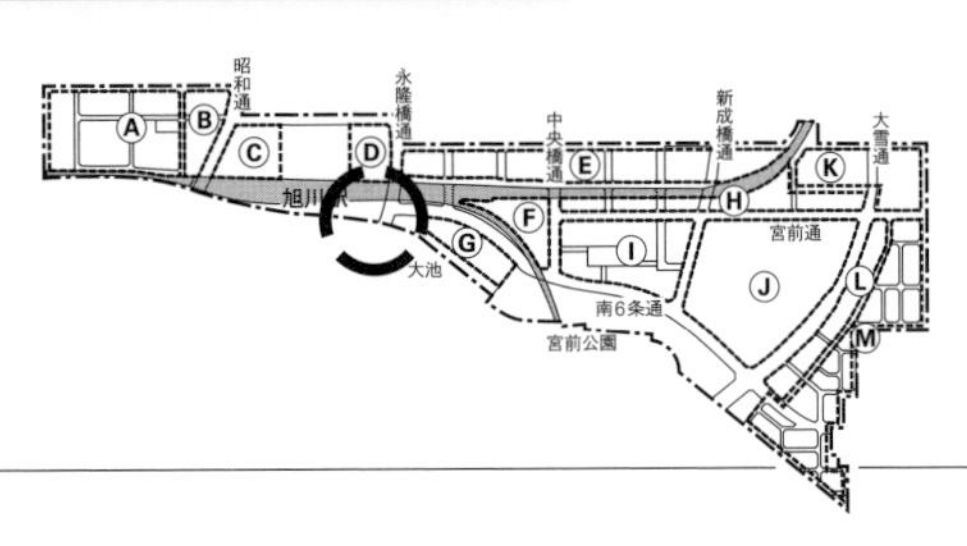

長く36万都市と言われてきた旭川だが、1999（平成11）年以降、人口の減少が始まった。国立社会保障・人口問題研究所の推計によれば、2005（平成17）年に35万5千人だった人口は、2020（平成32）年に32万2千人、2035（平成47）年には26万7千人と、2005年の人口の約75％まで減少する。同時に少子高齢化傾向も強まり、2005（平成17）年、総人口に対する年少（0〜14才）人口の割合は12・6％、老年（65歳以上）は22・4％だったが、2035（平成47）年にはそれぞれ8・1％、41・2％になると推定されている。即ち、この時点で生産年齢人口は総人口のほぼ半数にまで落ち込む。予測されるこうした事態に対し、今後、旭川はどのように対処すべきか。一言で言えば「コンパクトなまちづくり」である。2001（平成13）年に策定（2011（平成23）年に一部見直し）された「旭川市都市計画マスタープラン」や、北海道による「都市計画区域の整備、開発及び保全の方針」の中でも、今後は「市街地の無秩序な拡大を抑制し、持続可能でコンパクトなまちづくり」を進め、「地球環境時代に対応した低炭素型都市構造への転換」をまちづくりの基本理念としている。

「コンパクトなまち」とは何か。これまでの趨勢だった、車がなければ生活しにくい拡散型都市構造を改め、中心市街地の都市機能（商業・業務、公益施設、交通アクセスなど）を充実させ、中心市街地の居住人口を増やして、効率的で環境負荷の少ないまちにすることだ。その際、街の歴史や地域の特性を活かすことも忘れてはならない。北彩都あさひかわ事業は、旭川市が目指すべき、こうしたまちづくり方針の具体化に他ならない。

まちなか居住

既成中心市街地の空洞化が各地で問題になって久しいが、旭川でも買物公園を初め、中心部での商業活動の衰退と居住人口の減少が目立っている。まちなかに賑わいを取り戻すために通りの歩行者密度を高めたいが、それには中心市街地の居住人口の増加が不可欠だ。

市全体の人口が増加していた時代、増える人口の受け皿は主に郊外に新たに開発される住宅地だった。既存市街地周辺の市街化調整区域が市街化区域に徐々に編入され、新たな宅地が造成された。そこには多く戸建て住宅が建てられ、市街地が薄く広く広がっていった。住宅地の面的な拡大には、道路や公園、教育・公共施設、電気や上下水道などのインフラ整備や、除雪などの維持管理が伴い、相対的に行政の負担が増える。

総人口の減少と超高齢社会への移行が始まっている現在、郊外への市街地拡大を抑制し、中心市街地を充実させる方向へ政策転換を図ることは必然的な要請である。因みに、旭川には「まちなか居住」が求められる特殊な事情もある。年間の累積積雪量が7mを超えるこの地域では、特に戸建て住宅の居住者にとって冬期の除雪作業が大きな負担だ。体力がある間は庭で花を育て家庭菜園を楽しむ人たちも、高齢で体力が衰えると毎日の除雪が困難になる。そうした高齢者の、戸建て住宅から都心型共同住宅への住み替え需要が今後増えると予想される。

「北彩都あさひかわ地区計画」では域内を13の地区に分け、それぞれに土地利用の方針を定めているが、その内、区域の東西端に位置する「北彩都都心居住地区」は積極的に都心型共同住宅の立地を誘導する街区である。既に東側の地区には民間の高層分譲マンション2棟と150戸を擁する高層の道営住宅が建っており［図Ⅶ-11］、地区中ほど、鉄道の北側街区では子育て支援施設を併設する9階建て市営住宅3棟150戸を建設中で、一部では入居が始まっている。

少子高齢化、核家族化、女性の社会進出など社会構造の変化を見据えて、

［図Ⅶ-11］地区東側、幹線道路である大雪通沿いに建つ民間による高層住宅。都心エリアに居住人口が増えることは重要である

サービス付き高齢者向け住宅、子育て世帯向け住宅、シェア・ハウスなど、住居の形態も多様な需要に対応する必要がある。

多様な視点のまちづくり

北彩都あさひかわプロジェクトでは多くの事業が複合的に展開されたが、計画の策定や施設の設計にあたり、内容の充実、事業間の整合性を図るための調査検討委員会が効果的に機能した［図Ⅲ-4］。1995（平成7）年に組織された「まちづくり検討会」は、2000（平成12）年から「北彩都あさひかわまちづくり推進会議」と名称を改めたが、事業の進捗に合わせて随時開催され、懸案事項に対して活発な協議が行われた。委員は国、北海道、旭川市などの各事業関係者と2〜5名の学識経験者で構成され、その都度提出される計画、設計案に対してさまざまな立場から意見が述べられた。協議結果をふまえ担当部局が必要な変更や修正を加える作業が事業期間を通じて繰り返された。必ずしも全ての意見が結果に反映される訳ではないが、専門領域を横断する複眼的・総合的な視点からの意見交換は基本理念に沿う成果を生むうえで大きく貢献した。

市民参加のまちづくり

北彩都あさひかわのまちづくりは市民参加を基本としている。計画段階からさまざまなかたちで市民の意見や提案を汲み取り事業に反映させた。1992（平成4）年以来、延べ500回を超える事業説明会や市民まちづくり見学会、9回のシンポジウムを開催するなど、事業の内容を市民に開示し意見を聞く機会をつくった。［図Ⅶ-12］その他、テーマごとに各層からの意見を聞くための検討会を開いた。主なものは以下の通りである。

［図Ⅶ-12］北彩都ウォーキング（2010年8月）。路線切り換え前の高架橋の見学会

（1）中学、高校生など若者を対象とした「未来の旭川を語る会」（1994（平成6）年）
（2）市長を交えての「こどもまちづくりフォーラム」（1994（平成6）年）
（3）「旭川駅舎・駅前広場利用検討懇談会」（1998（平成10）年、2004（平成16）年、2007（平成19）年、2008（平成20）年、延べ12回）
（4）環境をテーマとした「北彩都あさひかわ車座討論会（1998（平成10）年、2回）
（5）ユニバーサルな都市環境づくりをテーマにした「歩道試験舗装モニタリング」（2000（平成12）年）
（6）市民参加のあり方や土地利用計画を協議した「土地利用検討懇話会」（1998（平成10）年、1999（平成11）年）
（7）事業の経過段階で土地利用計画を検証した「北彩都あさひかわ新土地利用計画検討懇談会」（2003（平成15）年、2004（平成16）年）
（8）河川整備に関する「忠別川の水辺を考える」懇話会（2002（平成14）年）

また、計画策定への参加だけではなく、駅舎の木製内壁に協賛者一万人の名前を刻印した「旭川駅に名前を刻むプロジェクト」、「彫刻ファンド市民の会」による駅コンコースへの彫刻設置など一連のアート・プロジェクト、忠別川の「生態階段ワークショップ」など、直接、施設づくりに参加する取り組みやイベントが実施されている。

4 加藤チームの到達点

篠原 修

筆者が旭川プロジェクトに係わり始めたのは1996（平成8年）だから、振り返る年月は正確には20年という事になる。しかしながら、それ以前の平成のバブルとそれに続くバブル崩壊についても考える処があるので、以下では結果的に25年を振り返ってという記述になる。この25年間の変化のポイントと旭川プロジェクトの特徴について書いてみようと思う。

都市計画、権威失墜の25年

筆者が大学に入学した1964（昭和39）年は東京オリンピックが開催された年であり、また東海道新幹線が開業した年でもあった。わが国は高度経済成長を謳歌し、大規模な国土開発構想が次々と打ち上げられていた時代であった。東大のやり方である教養から専門を決めなければならなかった1965年秋の時点では、代々木のオリンピックプールをデザインした丹下健三が最も輝いていた時で、東大都市工の都市計画コースは人気のある進学先であった。高蔵寺から多摩へと続くニュータウン開発が華々しく喧伝されていた時代でもあったのだ。「都市計画」という言葉は当時の若者にとっては光輝く言葉であった。都市計画という言葉を聞くだけで未来が拓けるような気がしたものである。

以降2度のオイルショックを切り抜けた日本経済は過熱の度合いを強め、昭和の終わりから平成にかけてバブルに突入する。だぶついた民間資金は投資先を求めて土地投機に狂奔し始めたのである。連日のようにTVに報じられた「地上げ」を記憶されている方も多いであろう。やがてバブルは崩壊し「空白の20年」と後に言われる沈滞の時代がやってくる。このバブルとバブル崩壊の時代に機を合わせるかのように、それまでの「都市計画」という言葉に替えて「まちづくり」という言葉が使われ始め、一般化する。バブルに代表される民間ディベロッパーが主役に躍り出た大規模再開発は官の都市計画とは何の脈絡もなく、次の沈滞の時代にあってはコントロールを手段とする都市計画は無力であった。元来が日本の都市計画は商業の扱いが苦手なのであった。都市を元気に再生するには、もう「官」がコントロールする時代ではない、「民」が主導権を持ってまちを作っていく時代である。「中央」が決めるのではなく「地方」が決める時代なのだ、「地方分権」こそがこれからのテーマであるということになった。これには官が主導した大規模ニュータウンが成熟するどころか、老人ばかりのゴーストタウン化して都市計画に対する信用が失墜した事も大きかった。我々の分野の、この25年の変化とはそういう事であった。

都市は都市毎に歴史も違えば、気候風土も異なる。住んでいる人間の人情も違う。だから理念としてみれば「地方分権」は正しい、と思う。ただし現実は理念のようには動かない。明治以来の都市計画は、市町村は都道府県に従い、都道府県は国の方針、規則に従いというやり方で進んできた。戦前の都市計画の決定者は内務省（国）であり、戦後になってやっとその権限は都道府県の知事になったのである。それが現在では市町村長となっている。それはそれでいいのだが、前述のようなやり方で長らくやってきたものだから、市町村の長にも職員にも都市計画に関する経験と実力が伴わないのである（この不幸が最も顕著に現れているのが、現在の東日本大震災の復興計画である）。中央の「官」が主導してきた「都市計画」は権威を失墜し、それに代わる地方の、あるいは「民」の「まちづくり」は機能不全の状態にある。それが平成時代のわが国の現実に他ならない。こういう状況の下で実施され、具体的な形にまでこぎつけたのが1990（平成2）年から始まった旭川のプロジェクトなのである。中央の「官」は手出しができず、権限を移譲された「地方」は計画ができないという現状にあって、かつて都市計画を主導してきた「官」は裏方のバックアップ役に回り、今や主役になった旭川市は「民」の加藤チームに引っ張られてなんとか仕事を成し遂げた。こう言っていいだろう。加藤チームは旭川市ばかりではなく、道庁もJR北海道をも牽引してプロジェクトを完成させたのであった。

つまり、旭川プロジェクトの仕事のやり方はこれからの地方主導の「都市計画」や「都市開発」事業遂行の一つのモデルを示したのであるという事ができよう。

加藤チームについて

加藤による駅周辺のまちづくりは旭川以前の花巻、丸亀、帯広から始まっている。そのプランニング、デザイン体制の特徴は何処にあるのだろうか。ここでは筆者がある程度の知識がある丸亀と帯広を対象に、篠原が加藤とは別に係わった日向や高知、富山のやり方をも比較の例に挙げて検証してみよう。

丸亀では加藤はアメリカのランドスケープ・アーキテクトであるピーター・ウォーカーをパートナーに選んでデザインを実践した。ピーター・ウォーカーは丸亀の駅前広場をデザインしているが、いかにもアメリカ西海岸派のランドスケープ・アーキテクトらしく些かトリッキーである。［図Ⅶ-13］［図Ⅶ-14］ 噴水はまだよいとしてもFRPを使った擬岩は筆者には是とする事ができない。また加藤は広場に隣接する猪熊弦一郎美術館の設計者である谷口吉生と折衝して広場側に半屋外の舞台を設けてもらう事に成功

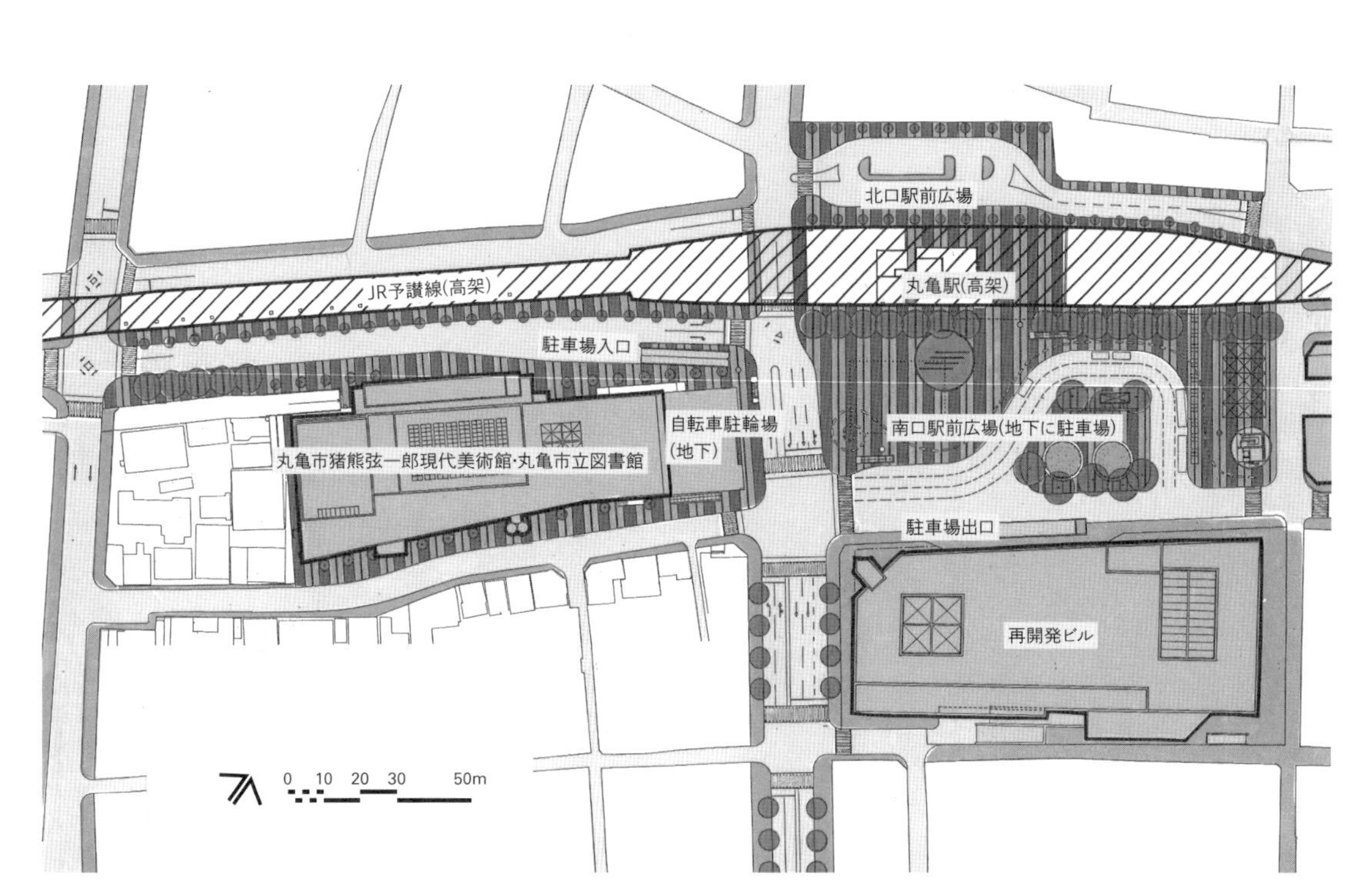

［図Ⅶ-13］丸亀駅周辺の計画図。駅前広場と隣接する建築物の形態、意匠の調整が行われた。鉄道駅は完成済みであったため、加藤の調整の対象外であった

［図Ⅶ-14］丸亀駅前広場の夜景。西海岸派のランドスケープ・アーキテクトらしく些かトリッキーである

している（建築家谷口と加藤は懇意であった）。どの程度加藤がピーター・ウォーカーや谷口を指導したのか、今となっては定かにできないが、加藤は両者には自由にやらせたのではないかと思う。広場のデザインと猪熊弦一郎美術館のデザインには通底するものが感じられ無いからだ。丸亀の駅舎には全く口出しが出来なかった。プロジェクトに参画した時点で既に駅舎設計はできていた。ランドスケープ・アーキテクトとのパートナーシップに加え、通常ではあり得ない建築家とのコラボレーションが丸亀であった。

帯広では照明の面出薫と組んでいる。ランドスケープはD＋M。建築家とは組んでいない。加藤の言によれば事業主体である北海道とJR北海道が市の意向とは無関係に仕事を進行し、駅舎のデザインには関与出来なかったのだと言う。これでは建築家とのコラボレーションはできようもなかった。その結果、駅広のデザインは良好に仕上がっているが、駅舎とはデザインの一貫性が感じられない。更に言えば、照明装置のディテールの収まりには疑問が残った。面出の照明は光のデザインはよいのだが、器具のデザインはスッキリとしないのである。これは面出が担当した内藤の安曇野ちひろ美術館の照明装置を見た時の印象でもあった。［図Ⅶ-15］

旭川のプロジェクトでは当初からランドスケープのビル・ジョンソンと組み、その下に日本のランドスケープとしてD＋Mが加わっていた。ここでも丸亀と同じくパートナーの選択にはランドスケープが優先している。帯広を教訓に土木の篠原を加え、更には建築家の内藤をメンバーに追加する。都市計画（加藤）、ランドスケープ（ビル・ジョンソンとD＋M）、土木（篠原）、建築（内藤）が旭川の加藤チームの骨格であった。この骨格チームの元に、橋のデザインでは篠原が三浦健也、大野美代子、中井祐を動員した。加藤はこれを承認。篠原の意向では日向のプロジェクトに習

［図Ⅶ-15］帯広駅。奥行60cmの風除壁だけが加藤が口を出せた部分。かつ「十勝の山並み」を表現せよとの前提条件。設計は鉄道系設計事務所。結果このような形になった

ってアーバンデザイン（街路、広場）の小野寺康、プロダクト（照明やベンチ）の南雲勝志を加えたかったのだが、これは加藤の入れる処とならなかった。それはランドスケープの領分だと加藤は判断したのであろう。しかしランドスケープチームからの積極的な提案はなく、誰が担当するのかが曖昧なままに時が立ち、広場は最修的には建築の内藤が面倒を見たのであった。

加藤のチーム編成の特徴は次のように要約する事が出来る。まず最初にランドスケープをパートナーとし、次に必要な職能をメンバーに加えていく。そのチーム全体は加藤がコントロールする。サブのメンバーは各々の部門で追加してもかまわない。これが第一である。このやり方だと後から加わったメンバーの立ち位置が不明瞭であり、またそのデザインフィーを誰がどうやって払うのかに苦労することになった。

このやり方は、篠原が加藤とは関係なく係わったプロジェクトとは大きな違いがある。日向や高知のプロジェクトでは委員会が初めに設定され、ここに骨格メンバーの全てが委員として入る。具体的には内藤、篠原に関係者。その委員会の元にデザインを実践するデザインワーキングを設け、ここに都市計画（佐々木政雄）、アーバンデザイン（小野寺）、プロダクト（南雲）が入って仕事を進める。つまり委員会主導でそれをデザインワーキングが支えるという形をとる。メンバーの立ち位置と役割は明快であった。委員会には県、市、ＪＲが加わっているので決定過程も明快であった。篠原はコンサルタントや設計事務所を経営しているわけではないので、何処からか仕事を受けているという関係にはない。従って特定の事業主体の意向に気兼ねする必要はなかった。これに対し、加藤は事務所を経営しているので何処からかの仕事を受けねばならない。帯広の場合には帯広市、旭川の場合には旭川市が依頼主となる。いずれもＪＲから加藤事務所に

仕事は出ていない。帯広でＪＲと北海道をコントロール出来なかったのは、加藤は帯広市に頼まれてやっているんだろうと見られていたからではないか。従ってどうしても依頼主の意向が加藤の仕切りに反映することになる。本人がそう思っていなくとも、周囲はそう見る。旭川のプロジェクトでは後半戦に至って、加藤さんは随分市寄りになっているなと感じた。ただし旭川では高架の委員会が機能していたので、この欠陥は顕在化せずに済んだ。これが加藤チーム編成の第二の特徴である。加藤が都市計画事務所の仕事としてプロジェクトに参加している限り、逃れられない限界である。

プロジェクトの全体を仕切る立場にどの様な人物が当たれば良いのかは軽々に結論は出せないが、事業主体のそれぞれに利害関係なくやれる人物が理想であろう。札幌の駅前通・地下通路、創成川では加藤チームがプロポーザルの結果選ばれ、デザインを主導したのだが、篠原、小林英嗣、笠康三郎の委員会と共同でデザインをリードし、決定していった。事業主体が札幌市のみであった事も幸いした。こういうやり方がコンサルタントや設計事務所が主導する場合の一つのやり方なのかもしれない。

複数の事業主体が関与するプロジェクトの進め方—映画作りを例に

ここでやや唐突のように見えるかもしれないが、映画の作り方を例にとって望ましいやり方について考えてみたい。複数の事業主体が関与する「まちづくり」はやはり複数の人間が係わる映画作りと共通する部分が多いと考えるからである。

映画ではプロデューサーが大衆の望む処を読んで、企画を立てる。どのような映画を提供するかを。次にその映画を誰に任すかである。つまり監督（ディレクター）の人選である。監督は脚本家と共にシナリオを作成する。ここまでのプロセスを松竹で言えば、プロデューサーの城戸四郎が映画の方向を決め、喜劇で行こうとなれば山田洋次を監督に指名する。山田は脚本家を選び、スタッフを指名する。これを監督に権限を与える「ディレクターシステム」と言う。城戸以前のやり方では、監督の人選よりも主演の俳優の人選が先行していた。例えば「エノケン」の映画なら客が入るだろうという予測のもとに。一時の日活も「裕ちゃん」の映画を作りまくっていた。これを「スター」システムと言う。城戸以前の映画はその殆どがスターシステムで作られていた。これでは本当の映画はできないと考えて、城戸はディレクターシステムに切り替えたのであった。監督は出演する俳優までもを人選する。

監督には好みがあるから、脚本家、スタッフはかって知ったるメンバーになる事が普通である。これを称して監督の名を冠した「なになに組」と言う。小津組、山田組、黒澤組などとなる。俳優も常連が普通で、小津組なら笠智衆、原節子、山田組の「男はつらいよ」なら渥美清、倍賞千恵子に松村達雄など。黒澤組なら三船敏郎、志村喬など。つまり「なになに組」では一緒にシナリオを書く脚本家からカメラ、照明、小道具、大道具などのスタッフ、俳優までワンセットなのである。なんでこういう事になるのか。

山田の言を引けば、「気心の知れた人間とで無ければ、いい映画は作れない」のだから。これは小津とても黒澤にしても同じだった筈である。監督の考えている事、次にやりたい事は言わずとも、皆分かるのである。いい映画を作り、「当てる」為にはそれが必要なのであった。

これを「まちづくり」ではどうやっているか。どういうまちを作って市民に喜んでもらうか、それは市町村の首長の役割である。首長はプロデューサーで無ければならない。そして「いいまち」を作ろうと考えるなら、いい監督を選ばなければなるまい。しかし現状では監督は金額の多寡によ

［図Ⅶ-16］晴れた日には市街地の背後には雄大な景色が拡がる

る「入札」で選んでいるのだ。「いいまち」を作るのではなく、なるべく「安くまち」を作るシステムになっているのである。仮によい監督が選ばれても、一緒にやるスタッフを人選する権限は監督に与えられていない。篠原が関与した例でも、スタッフ（コンサルタントや設計事務所）は既に決まっている事が大半であった。これではいい映画（まち）はできない。よい映画を作り出してきた「ディレクターシステム」をまちづくりにおいても採用すべきである。山田はこうも言う。よいシナリオができ、よいスタッフが揃えば映画作りの70パーセントは達成されている、と。

選んだ監督に任せればよいのだが、まちづくりの場合には気心の知れない（初顔合わせの）市町村の担当者が加わり、市町村の首長が意見を刺しはさみ、時に声の大きい議員や住民の要望が出てくる。これでは「なにない組」を作るどころではなく、製作現場は無茶苦茶となる。これが我が国の「まちづくり」の現状である。いいまちができるわけはないのである。いい映画（まち）を作るよりも、なんと言ったらよいか、映画作り（まちづくり）に皆が参加する事を優先しているのだ。まあ、それで市民が満足ならよいのかも知れないが、後世の市民はなんと言うだろうか。

加藤にしても、篠原、内藤にしても「まちづくり」を何とか「ディレクターシステム」でやろうと努力してきたのだと言えよう［図Ⅶ-16］。

補章

旭川・街の成り立ち

大矢二郎
北海道東海大学名誉教授

北海道・上川盆地の西端、4本の河川が合流する地に発達した旭川。明治時代に開拓の斧が入って以来、大正、昭和を通じて近代的な市街地の形成はどのように進められたのか。その概略をたどる［図 補章-1］。

川のまち、水の恵み

空知平野を流れる石狩川を遡り神居古潭の山峡を抜けると、前方に上川盆地が広がる。川はそこでちょうど手の指を広げたように4本に分岐するが、その掌に位置する街が旭川である。北海道のほぼ中央、東に大雪・十勝の山並みを望む内陸の街だ。市街を石狩（いしかり）、牛朱別（うしゅべつ）、忠別（ちゅうべつ）、美瑛（びえい）の4大河が貫流する。およそ北緯43度、東経142度、標高110m、気候は亜寒帯地域に属し、雪に覆われて寒さの厳しい冬と、稲作を可能にする暑い夏を両極に、明確な四季の変化を見せる地域である。明治期に和人が入植するまで、およそ1万3千年前から近世アイヌ文化に至る時代、この地域には豊かな自然と共生するアイヌ民族の生活が営まれていた。狩猟、漁労、採集を中心とする経済だったが、特に石狩川、忠別川を遡上する大量のサケが人々の重要な食糧と交易品になっていた事実が、歴史的にもこの地域の生活と川との強い繋がりを物語る。

4本の川の水源は盆地の東にある大雪山系にあるが、アイヌの人々は昔からこの山をカムイミンタラ（神々が遊ぶ庭）と呼んで敬った。山に降る大量の雨と雪が川となって盆地を流れ下り、一方、地中に浸透した伏流水は長い時間をかけて濾過された後、湧き水となって地上に戻る。豊かな水が森を育み、田畑を潤す。古来、川底の湧き水はサケに絶好の産卵場を用意し、地上の生き物にはミネラル豊富な飲料水を恵んできた。旭川周辺に木製家具産業が発達したことや、一帯が「上川百万石」と称される稲作地帯になったことの要因である。現在、旭川市の上水道の取水口も石狩川

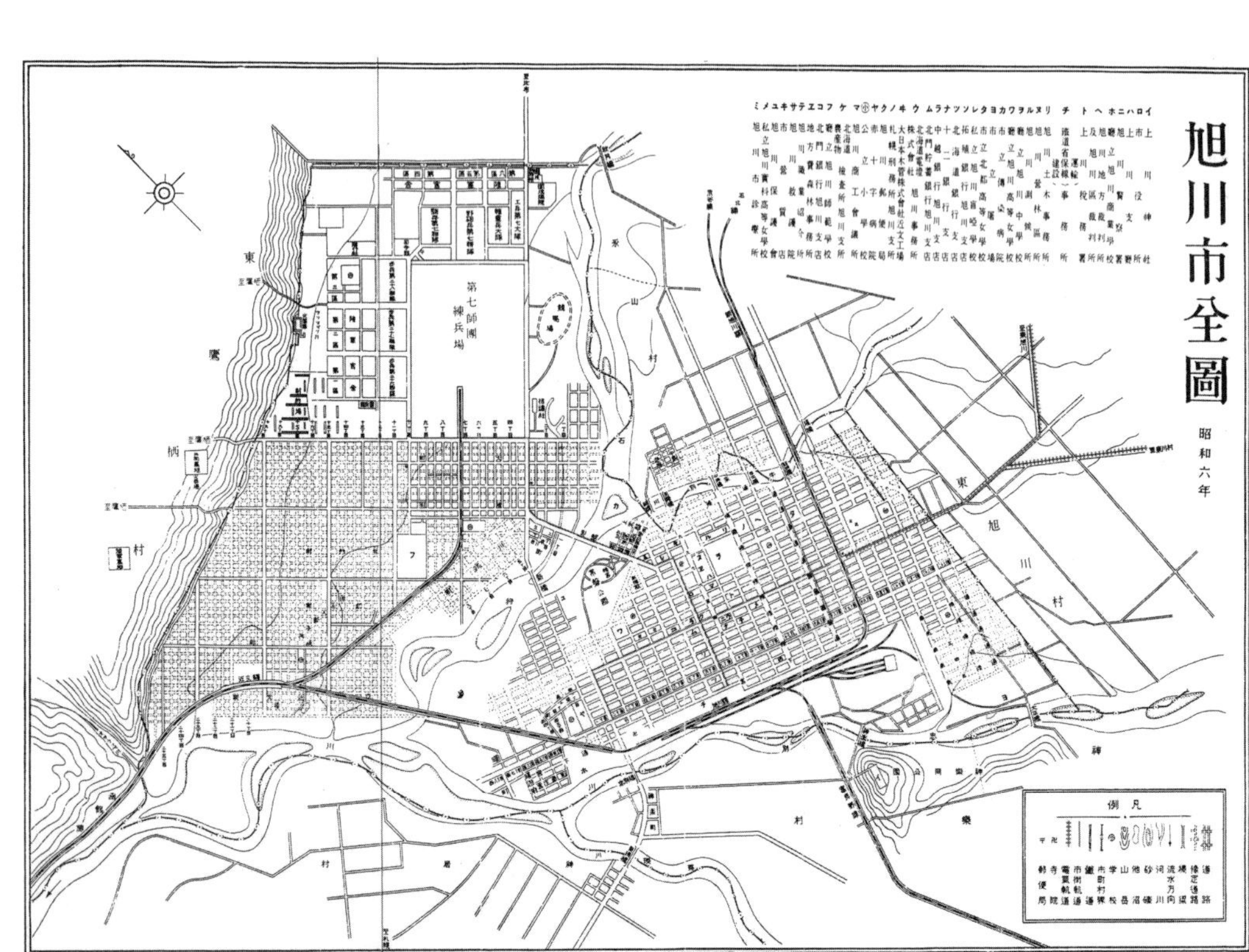

［図 補章-1］1931（昭和6）年旭川市全図。市街を石狩、牛朱別、忠別、美瑛の4大河が貫流する

［図 補章-2］旭川生まれの芸術家、砂澤ビッキが旭岳温泉「こまくさ荘」のために制作した木彫の大作「カムイミンダラ」。同施設の閉鎖に伴い旭川市に寄贈され、現在は旭川駅高架下の「彫刻美術館ステーションギャラリー」に展示されている。旭川駅周辺のまちづくりは「カムイミンダラ」を目指したものとも言える

と忠別川にある［図 補章-2］。

明治開拓期のまちづくり

近代的なまちづくりは1890（明治23）年、当時の北海道庁が上川郡に旭川、神居、永山の3村を設置したことに始まる。2代北海道庁長官・永山武四郎の建議により明治政府は上川に離宮を造営する計画を閣議決定し、予定地（北彩都あさひかわに隣接する現・神楽岡公園周辺）の調査を行った。実現はしなかったが、当時からこの地域が「まほろば」（優れて住みやすい場所）として高く評価されていたことが分かる。

1899（明治24）年には最初の屯田兵が上川に入植、開拓の先陣を務めた。永山村の東・西両兵村をはじめ6兵村（1兵村200戸、計1200戸）が次々に開設され、入植者が軍事訓練の傍ら開拓の斧をふるった。さらに明治から大正にかけて、単独あるいは団体による開拓移民が最盛期を迎える。

鉄道の開通と第七師団の設置

1898（明治31）年、旭川・砂川間、約55kmを結ぶ北海道官設鉄道上川線が開業、これと前後して、十勝線（旭川～十勝太（とかちぶと）、現在の富良野線と根室本線）および天塩線（旭川～宗谷、現在の宗谷本線）が起工され、前者は1901（明治34）年に狩勝峠の麓の落合まで、後者は1903（明治36）年に名寄まで開通した。その後、1907（明治40）年に旭川・釧路間の鉄道（現在の石北本線）も全通、旭川駅は4つの路線の起終点として北海道における人とモノの集散・流通の要を担うことになる。［図 補章-3］

1900（明治33）年には陸軍第七師団が札幌から旭川（当時の鷹栖村字近文）へ移駐、日露戦争で旅順攻撃の主力になるなど、以後、太平洋戦

争の終結まで旭川は軍都として一時代を画した。街も次第に整備が進み、駅前から近文の師団へ向かう道路（一部が現・平和通買物公園）はいつ頃からか「師団通」と呼ばれ、旭川のメインストリートになった。この道路が石狩川を渡る橋が旭橋（完成は1904（明治37）年）で、翌々年、この橋を通り旭川駅と近文の間に敷設された上川馬車鉄道は、その後、市街電車に換わり路線も増え、1956（昭和31）年にバスに転換されるまで市民の足として親しまれた［図 補章-4］。

戦後の町村合併と市域の拡大

1945（昭和20）年、太平洋戦争が終わり、師団通も平和通と改称されて新たなまちづくりが始まる。旭川市と周辺町村との合併が進み、それに伴い市の人口も急激に増加した。1975（昭和50）年には32万人を超え、1985（昭和60）年代以降2005（平成17）年まで継続的に36万人を擁する、人口規模では札幌に次ぐ北海道第2の都市に成長した。戦後の復興と共に都市のインフラや施設の整備も進み、1958（昭和33）年には、中学時代を旭川で過ごした建築家・佐藤武夫の設計による旭川市総合庁舎が竣工、翌年、この作品で佐藤は日本建築学会賞を受賞した。［図 補章-5］打ち放しコンクリートの躯体に赤レンガをあしらった近代的なデザインが北国の街並に清新な表情を加えたが、「旭川スタイル」とも言える同様の意匠で、その後市内に多くの学校や文化施設が建設されている。まちづくりの基本方針を定める市の総合計画は1957（昭和32）年に「大旭川建設計画」が策定され、その後何度か書き改められて、現在は2006（平成18）年を初年度とする「第7次旭川市総合計画」が運用されている。

平和通買物公園の誕生

戦後のまちづくりで特筆すべき事柄は、我が国初の歩行者専用道路となった「平和通買物公園」の造成であろう。

1963（昭和38）年、弱冠37歳で旭川市長に当選した五十嵐広三は「人間都市創造」を理念に、当時、モータリゼーションの波に飲み込まれつつあった平和通を「恒久的歩行者天国・買物公園」とする構想を実現させた。市と商店街が費用を分担、旭川都心地区再開発事業として1972（昭和47）年4月着工、6月にオープンした［図 補章-6］［図 補章-7］。

我が国で歩行者専用道路の先駆けとなった買物公園だったが、旧来のアーケードや一般道時代の歩車道の段差が解消されないまま時が過ぎ、1985（昭和60）年頃から、歩行者にとってより快適な都市空間を求める商店主や市民の声が高まってきた。数次にわたる計画策定作業の後、1998（平成10）年に着工したリニューアル工事では、幅員20mの道路の商店側4mを歩行者帯（ロードヒーティング敷設）、その内側3mを街路樹、街灯、ストリートファニチャー、彫刻等を設置する施設帯、中央部6mを緊急車両帯として整備した。石材による路面舗装、広葉樹（シナノキ）の列植、高さ3・6mの街灯と足元灯の設置など、歩行者ゾーンとしての性格付けが強められた。

銀座商店街のモール化

古くから「市民の台所」として親しまれてきた銀座商店街も、1978（昭和53）年、「銀座しあわせ広場」と名付けた歩行者専用道路となった。買物公園から7ブロック東で、食品、衣料品などの店舗が軒を連ねる。一画にある「第一市場」は、大正から昭和初期にかけて一時市内に40棟近くあったといわれるこの地域独特の大型木造商業施設の一例である。通り

[図 補章-3]初代旭川駅舎(1898(明治31)年開業当時)

[図 補章-4]1921(大正10)年頃の師団通(1条)　　出典：旭川市WEBサイト

[図 補章-5]佐藤武夫の設計による旭川市総合庁舎

[図 補章-6]買物公園整備前(昭和30年代)

[図 補章-7]歩行者天国化された買物公園

[図 補章-8]再整備された銀座商店街

は2001（平成13）年に「銀座仲見世通り商店街」として再整備されたが、現在、施設の老朽化、後継者不足、商圏住民の高齢化、買物客の郊外型大型店志向など、時代の波にさらされている［図 補章-8］。

中心市街地活性化計画と北彩都あさひかわ

昨今、日常生活に必要な品は大規模駐車場を持つ郊外型量販店で、買回り品、専門品は札幌など大都市へ出かけて品揃えの豊富な店で購入する人が多くなった。また、情報インフラの充実はインターネット通販の利用者を増加させている。

こうした状況も一因となり、買物公園や銀座通の歩行者交通量は近年、目立って減少し「中心市街地の空洞化」と言われる傾向が進んでいた。これに対し、市は2011（平成23）年、「中心市街地活性化基本計画」を策定、都心に再び活気を取り戻すためのハード、ソフトにまたがるさまざまな施策を展開している。その施策の中心的役割を担うのが北彩都あさひかわであった。再び活力ある「まちなか」の回復が期待されている。

北彩都あさひかわ事業　略年表

西暦 年度	和暦 年度	主な出来事	
1980年度	昭和55年度	・忠別川を挟んだ駅南地区の開発計画（カルチャーゾーン）の検討開始 （その後、1986年に大雪アリーナ、1993年に大雪クリスタルホール開設など、スポーツ・文化施設整備が進む）	［初動］
1989年度	平成元年度	・北海道開発局営繕部が当地区での合同庁舎整備の検討を開始	
1990年度	平成2年度	・旭川市で旭川駅周辺開発計画の検討を開始	
1991年度	平成3年度	・日本都市総合研究所が検討に参画	
1992年度	平成4年度	・**「都市拠点総合整備事業整備計画調査委員会」を設置**、委員長は井上孝（東京大学名誉教授）（〜1993年） ・旭川市に駅周辺開発部を設置、初代部長・山谷勉（11月）	［集中的計画検討］
1994年度	平成6年度	・**「旭川市都市拠点地区まちづくり計画調査委員会」を設置。**委員長は小林英嗣（北海道大学助教授）（当時） ・計画策定に向け、1994年〜1996年まで、年間10件以上にわたる調査を集中的に実施 ・PWWJ（ビル・ジョンソン）参画	
1995年度	平成7年度	・「旭川市都市拠点地区まちづくり検討会」を設置。学識委員として、辻井達一（北星学園大学教授）、篠原修（東京大学教授）、小林英嗣（北海道大学教授）、大矢二郎（北海道東海大学教授）（肩書はいずれも当時）が参画（〜1998年）	
1996年度	平成8年度	・開発促進期成会設立（7月） ・**当地区の基幹事業となる鉄道高架（限度額立体交差事業）、土地区画整理事業、関連街路事業など都市計画決定。**事業の骨格が整う ・**鉄道高架にかかわる調整会議「旭川駅舎・鉄道高架景観検討委員会」を設置**、委員長は篠原修（東京大学教授）（当時） ・新駅舎の設計者として内藤廣建築設計事務所が参画 ・旭川駅周辺土地区画整理事業が事業認可され着手（10月） ・居住用地区のあり方調査について検討開始（北国住宅地整備計画策定委員会）。従前居住者移転地区（Mブロック）のまちづくりについて1998年まで集中的に検討	［事業化］
1997年度	平成9年度	・**公募により地区愛称が「北彩都あさひかわ」に決定** ・「北彩都あさひかわ顔づくり計画」を策定 ・基盤整備にかかわる補助事業である街並み・まちづくり総合支援事業採択（建設省（当時）） ・最初の橋梁整備として新神楽橋着工 ・「駅舎・駅前広場の利用検討懇談会」設置。その後、2007年度まで断続的に開催	
1998年度	平成10年度	・旭川シビックコア地区の整備計画承認（4月） ・北彩都あさひかわ地区計画が都市計画決定（6月） ・**旭川鉄道高架事業、事業認可・着手（10月）** ・**「旭川駅舎・鉄道高架景観検討委員会」を「旭川高架推進懇談会」に改称。**その後2011年の駅舎グランドオープンまで継続 ・忠別川河川整備着工（12月）	

［事業推進～完了］

２０００年度	平成12年度	・**当事業にかかわる総合的な調整・推進の場として「旭川市都市拠点地区まちづくり検討会」を改組し、「北彩都あさひかわまちづくり推進会議」を設置。** アドバイザーとして、篠原修（東京大学教授）、小林英嗣（北海道大学教授）、大矢二郎（北海道東海大学教授）、大野仰一（北海道東海大学教授）、辻井達一（北海道環境財団）（肩書はいずれも当時）が参画。その後土地区画整理事業が完了する２０１４年度まで継続
２００２年度	平成14年度	・シビックコア地区に旭川市障害者福祉センター「おぴった」開設（6月）
２００３年度	平成15年度	・新神楽橋開通（8月） ・旭川運転所、永山地区移転完了（9月） ・個別開発にかかわる協議を行う「街並み形成協議会」（土地利用部会・建物設計部会）を設置
２００４年度	平成16年度	・旭川合同庁舎Ⅰ期完成（7月）
２００５年度	平成17年度	・旭川市科学館「サイパル」開設（7月）
２００６年度	平成18年度	・旭川市景観計画告示。北彩都あさひかわ地区が重点地区に指定（２００７年３月）
２００７年度	平成19年度	・神楽橋（歩行者橋）の改修完了 ・北彩都あさひかわ地区が旭川市屋外広告物条例の広告景観整備地区に指定（7月）
２００８年度	平成20年度	・旭川合同庁舎竣工（10月）
２００９年度	平成21年度	・「旭川駅に名前を刻むプロジェクト」実施（10月～1月募集）
２０１０年度	平成22年度	・旭川市市民活動交流センター「CoCoDe」開設（6月） ・「氷点橋」「クリスタル橋」名称公募により決定（9月） ・**鉄道を高架線に切り替え。旭川駅1次開業。記念式典開催（10月）**
２０１１年度	平成23年度	・氷点橋開通（4月） ・**旭川駅グランドオープン**
２０１３年度	平成25年度	・「あさひかわ北彩都ガーデン」駅南地区プレオープン（9月） ・クリスタル橋開通（11月）
２０１４年度	平成26年度	・**駅前広場全面供用開始。北彩都あさひかわ完成記念式挙行（7月）** ・**旭川駅周辺土地区画整理事業の換地処分（11月）** ・北海道赤レンガ建築賞受賞「ＪＲ旭川駅」
２０１５年度	平成27年度	・「あさひかわ北彩都ガーデン」全体開設。大池に湛水（7月） ・日本都市計画学会計画設計賞受賞「北彩都あさひかわにおける調整型都市デザインの実践」 ・都市景観大賞「都市空間部門」大賞（国土交通大臣賞）受賞「北彩都あさひかわ地区」 ・土木学会デザイン賞最優秀賞受賞「北彩都あさひかわ地区」

あとがき

この本は、北海道の旭川駅周辺において、都市デザインに係わる専門家がデザインチームを編成し、四半世紀にわたり都市デザインを実践して、街をつくりあげた記録である。デザインチームのリーダーは加藤源。民間の都市計画コンサルタントである。本書の企画は2012年の秋に始めたが、残念ながら2013年の6月に加藤は73才でこの世を去った。書名にあるように、本書ではこれらの取り組みを「アーバンデザイン」と呼んでいるが、加藤が生きていたなら猛烈に反対し、「都市デザイン」と書かせたかも知れない。しかし本書は極力多くの人に直感的に内容が伝わるよう、あえてこの呼び方にした。序章で篠原さんが書いているように、旭川は加藤の都市デザインの集大成であった。加藤が目指す都市デザインは、その街の土地利用の妥当性、これに応じた都市基盤の配置、そしてこれらに基づき建てられる建築物等を総体としてデザインするものであり、個々の施設や建築の意匠形態に偏るものではない。旭川で私たちが進めたこのように総体を扱える環境は多くはないと思う一方で、近年どちらかというと個別化が進む都市の計画、設計の体制は良いものとは思えない。加藤の都市デザインにかける気持ちは熱く、かつその性格は妥協を知らないから、ものごとを決めていくのに時間がかかる。一を聞いて十を知ることは決してせず、加藤は十を聞くまで十を知ろうとしない。一から十までをきちんと説明しないと取り合わない。不器用というしゃれた言い方もあろうが、それ以前の性分の問題だと私は見ている。加藤のもとで番頭役をしていた私からもデザインチームの皆さんに対し、良く付き合ってくださった、とお礼を述べたい。そしてその環境をつくっていただいた旭川市をはじめとする関係機関の皆さまには感謝の言葉もない。かくして旭川駅周辺整備は2014年にほぼ完成の節目を迎え、翌年には日本都市計画学会計画設計賞、土木学会デザイン賞最優秀賞、都市景観大賞などをいただくことができたが、受賞の場に加藤が居なかったことを残念に思う。20世紀の末頃、全国の主要駅周辺に旧国鉄の跡地が生まれたことで、盛んに駅周辺整備が進められた。本書は一連の国鉄跡地開発の代表例の紹介でもあり、日本の街づくりの一つの歩みを丁寧に書き留めたものとも言える。アーバンデザインの観点から、その時代に進め得た街づくりの詳細な記録を作ることができて一安心している。

四半世紀にわたり、巨額の事業費を投じて進められた大事業であるから関係者は多岐におよび、目次を見ていただくと分かる通り、本書の執筆者は29名を数える。この他にも膨大な人々がこのプロジェクトに関与し、この街をつくり上げた。旭川市においてもこの間専門の部局で初代の山谷勉部長以降のべ70名を越える職員が担当することとなる。通常お役所は定期異動を基本とするが、長い人はこの部局に21年間在籍しているなど、一連の仕事への人事上の配慮があったことを改めて確認し、これら全ての方々に御礼を申し上げたい。また、旭川駅を含む鉄道施設を総体の一部として扱わせていただいた北海道旅客鉄道株式会社の存在も大きい。特に長年この駅を担当され、最高の駅を作るんだ、と尽力いただいたものの、加藤と同様に完成を見る前に亡くなられた倉谷正氏にも本書を捧げたい。結びにあたり執筆から出版まで時間がかかってしまったこと、編集の段階で大幅に元原稿をカットさせていただいたことを執筆者の皆さんにお詫びしたい。またこの間編集に協力してくれた、日本都市総合研究所の元スタッフの深田知子さん、そして本書の実現に全面的に尽力いただいた鹿島出版会の川嶋勝さんに、感謝の気持ちでいっぱいである。

2016年9月

高見公雄

編著者略歴

加藤源（かとう・げん）

1940年生まれ。1964年東京大学工学部建築学科卒業。米国ハーヴァード大学大学院建築学科、RTKL Inc.、丹下健三+都市・建築設計研究所を経て1973年に荒田厚、鳥栖那智夫、松本敏行と日本都市総合研究所設立。同研究所代表として、花巻駅周辺整備、帯広駅周辺整備、丸亀駅前広場及び周辺都市設計、豊洲2・3丁目地区まちづくりガイドライン監修、湘南C-Xなど国内の数多くの都市開発プロジェクトに従事。2013年逝去。

高見公雄（たかみ・きみお）

1955年生まれ。1979年東京藝術大学美術学部建築科卒業、同大学院修士課程修了。日本都市総合研究所入社、2007年〜2015年同研究所代表。現在、法政大学デザイン工学部都市環境デザイン工学科教授（2009年〜）、都市環境デザイン会議理事、東京藝術大学美術学部建築科非常勤講師。

篠原修（しのはら・おさむ）

1945年生まれ。1968年東京大学工学部土木工学科卒業、同大学院修士課程修了。アーバンインダストリー、建設省土木研究所などを経て1989年東京大学工学部助教授。1991年東京大学大学院工学系研究科社会基盤学専攻教授、2006年政策研究大学院大学教授。現在、東京大学名誉教授、政策研究大学院大学名誉教授、GSデザイン会議代表、エンジニア・アーキテクト協会会長。

執筆者

本書登場順。表記は、氏名／執筆箇所／北彩都あさひかわにおける担当／当時の所属／（本書執筆時の所属（変更ある場合、退職は除く））

内藤廣／I-1、V-3／駅舎及び駅前広場設計／内藤廣建築設計事務所
ウィリアム・ジョンソン／I-2／マスタープラン／PWWJ（ピーターウォーカー・ウィリアムジョンソン&パートナーズ）
後藤純児／III-1、証言4／市担当責任者／旭川市
波岸裕光／証言1／市助役／旭川市
板谷征一／証言2／市担当責任者／旭川市
菅崎栄／証言3、証言10／旭川第一合同庁舎担当者／北海道開発局営繕部
幅田雅喜／証言5／構想・計画検討／北海道開発コンサルタント
三谷康彦／証言6／マスタープラン／PWWJ／（三谷ランドスケープスタジオ）
篠田伸生／III-2／国担当者／建設省（国土交通省）
斉原克彦／証言8／全体模型作成／芝浦工業大学大学院生／（UG都市建築）
佐藤敏雄／証言9／構想・計画検討／北海道開発コンサルタント
下田明宏／V-2、VI-3／河川空間、公園、街路の設計／D+M／（工学院大学建築学部（兼職））
大津正己／V-2、VI-3／河川空間、公園、街路の設計／D+M
高野文彰／証言11／北彩都ガーデン設計／高野ランドスケーププランニング
村田周一／証言11／北彩都ガーデン設計／高野ランドスケーププランニング
大野仰一／証言12、V-5／アドバイザー（建築）／北海道東海大学芸術工学部
大矢二郎／証言13、証言15、VII-3、補章／アドバイザー（建築）／北海道東海大学芸術工学部
沖本亭／証言14／市担当者／旭川市
三牧浩也／V-4、V-6／総括、調整（及び本書編集協力）／日本都市総合研究所／（柏の葉アーバンデザインセンター、プラスエム計画室）
細沼俊／証言16／駅舎及び駅前広場設計／内藤廣建築設計事務所
冨田泰行／証言17／あかりの計画／トミタ・ライティングデザイン・オフィス
大野美代子／VI-4／橋梁設計／エムアンドエムデザイン事務所
中井祐／VI-4／橋梁設計／東京大学大学院工学系研究科社会基盤学専攻
畑山義人／証言18／橋梁設計／北海道開発コンサルタント
三宅誠一／証言19／テーマゾーンの検討／ビーエーシー・アーバンプロジェクト
鈴木俊治／証言20／地域熱供給の検討／日本環境技研／（ハーツ環境デザイン）

編集協力

深田知子　日本都市総合研究所（1996〜2013）／（日本設計）

図版提供

旭川市　P5　Ⅰ-3　Ⅱ-19　Ⅲ-7〜9　Ⅳ-2、3　Ⅳ-9、10　Ⅴ-7〜9　Ⅴ-21　Ⅴ-23　Ⅴ-38　Ⅴ-47　Ⅴ-50〜52　Ⅴ-55　Ⅴ-63　Ⅴ-67　Ⅴ-70　Ⅴ-76〜78　Ⅵ-1　Ⅵ-4　Ⅵ-21　Ⅵ-35、36　Ⅵ-40　Ⅶ-1、2　Ⅶ-12　補章-1　補章-3〜8

三牧浩也　Ⅰ-1　Ⅴ-10　Ⅴ-17　Ⅴ-25　Ⅴ-56〜62　Ⅴ-65、66　Ⅴ-74　Ⅵ-3　Ⅵ-5　Ⅵ-9〜12　Ⅵ-22〜24

堀内広治／新写真工房　Ⅱ-1　Ⅳ-8

吉田誠／日経アーキテクチュア　Ⅴ-39　Ⅴ-45、46

内藤廣建築設計事務所　Ⅴ-29〜37　Ⅴ-40〜44　Ⅴ-48、49　Ⅴ-53

富田泰行　Ⅱ-18　Ⅵ-31、32

ドーコン　Ⅵ-39

高見公雄　PP2〜3、P178　Ⅰ-2　Ⅰ-4、5　Ⅰ-17　Ⅱ-2　Ⅱ-6　Ⅱ-14　Ⅲ-1〜3　Ⅳ-1、Ⅳ-4、5　Ⅳ-7　Ⅴ-1　Ⅴ-3　Ⅴ-6　Ⅴ-73　Ⅵ-2　Ⅵ-6〜8　Ⅵ-25　Ⅵ-38　Ⅶ-4〜11　Ⅶ-13〜16　補章-2

篠原修　P4　Ⅵ-13〜20

大野仰一　Ⅴ-26〜28　Ⅴ-68、69　Ⅴ-71、72

大野美代子　Ⅵ-33、34

大西均　Ⅵ-41

PWWJ　P7　Ⅰ-6〜16　Ⅱ-3〜5　Ⅱ-7〜13　Ⅱ-15〜17　Ⅲ-5　Ⅳ-6　Ⅴ-2　Ⅴ-4、5　Ⅴ-11　Ⅴ-16　Ⅴ-18、19　Ⅴ-54　Ⅴ-64　Ⅵ-27、28　Ⅵ-37

D+M　Ⅴ-12〜15　Ⅴ-20　Ⅴ-22　Ⅴ-24　Ⅵ-26　Ⅵ-29、30

屋根が張られる前の駅にて記念撮影。残念ながら設計者の内藤はこの日一緒ではなかった。 左から大矢、小林(北海道大学)、大津、篠原、高見、加藤、三牧、川村(内藤事務所) [2009 年]

北のセントラル・ステーション

アーバンデザインの四半世紀

発行　二〇一六年一一月二五日　第一刷

編著者　加藤源＋高見公雄＋篠原修

発行者　坪内文生

発行所　鹿島出版会
〒一〇四―〇〇二八　東京都中央区八重洲二―五―一四
電話〇三（六二〇二）五二〇〇
振替〇〇一六〇―二―一八〇八八三

装幀　工藤強勝

本文デザイン　工藤強勝＋舟山貴士＋原田和大

印刷・製本　壮光舎印刷

ISBN 978-4-306-07327-2 C3052

本書の内容に関するご意見・ご感想は左記までお寄せ下さい。
URL: http://www.kajima-publishing.co.jp
e-mail: info@kajima-publishing.co.jp